"十三五"国家重点出版物出版规划项目
航天先进技术研究与应用系列

燃气涡轮气动优化设计体系

温风波　　王松涛　　卢少鹏　编著

冯国泰　主审

哈尔滨工业大学出版社

内 容 简 介

本书详细介绍了轴流涡轮分层次气动优化设计体系,从一维、准三维、三维单列到三维多列,充分考虑了冷气掺混的气动和传热影响,细致说明了优化设计中目标函数、优化方法以及优化策略的选择过程。本书第 1 章介绍了燃气涡轮设计体系的发展、涡轮内的主要流动损失、主要的涡轮气动设计技术,并简单介绍了涡轮气膜冷却技术概况,以及优化技术及其在涡轮气动设计中的应用;第 2 章介绍了分层气冷气动优化设计体系的体系内涵及具体实施过程;第 3 章重点讨论了物理条件对计算精度的影响以及气冷涡轮损失评价,本章内容直接关系到优化设计的可靠性;第 4 章通过实例全面介绍了气动优化设计体系的应用;第 5 章介绍了考虑气膜冷却的气动和传热的影响研究;第 6 章介绍了气热耦合优化及对气动与传热的影响研究。

本书可作为能源与动力工程专业和飞行器动力工程专业的研究生和本科生参考用书,也可作为相关专业科技人员的重要参考用书。

图书在版编目(CIP)数据

燃气涡轮气动优化设计体系/温风波,王松涛,卢少鹏编著.—哈尔滨:哈尔滨工业大学出版社,2019.9
ISBN 978 - 7 - 5603 - 5767 - 6

Ⅰ.①燃… Ⅱ.①温…②王…③卢… Ⅲ.①航空发动机-燃气轮机-最优设计-研究 Ⅳ.①V235.1

中国版本图书馆 CIP 数据核字(2015)第 288274 号

策划编辑 张 荣
责任编辑 范业婷 孙 迪
封面设计 刘长友
出版发行 哈尔滨工业大学出版社
社 址 哈尔滨市南岗区复华四道街 10 号 邮编 150006
传 真 0451 - 86414749
网 址 http://hitpress.hit.edu.cn
印 刷 黑龙江艺德印刷有限责任公司
开 本 787mm×1092mm 1/16 印张 12.25 字数 268 千字
版 次 2019 年 9 月第 1 版 2019 年 9 月第 1 次印刷
书 号 ISBN 978 - 7 - 5603 - 5767 - 6
定 价 48.00 元

(如因印装质量问题影响阅读,我社负责调换)

前　言

　　燃气涡轮机的发展,对气冷涡轮的气动设计要求越来越高,主要表现为涡轮前温度越来越高和冷气量越来越大,使高压压气机压比提高以及高压涡轮膨胀比增加;低压转子转速下降,低压涡轮气动负荷增大;飞行高度增加,雷诺数下降;发动机多工况运行及发动机的通用性提高,要求涡轮特性在比较大的范围内性能良好;在比较短的时间内涡轮转速相差几百转甚至几千转,涡轮的非定常效应非常强烈。这些均迫切要求涡轮的气动设计体系、设计思想要有所发展。

　　本书基于哈尔滨工业大学发动机气体动力研究中心近三十年在航空发动机和燃气轮机涡轮气动优化方面创造的理论和累积的经验成果,详细论述了涡轮气动设计体系及相关平台搭建的过程,其中很多成果已经在国家航空、舰船动力等相关科研院所得以应用推广。

　　本书详细介绍了轴流涡轮分层次气动优化设计体系,从一维、准三维、三维单列到三维多列,充分考虑了冷气掺混的气动和传热影响,细致说明了优化设计中目标函数、优化方法以及优化策略的选择过程。本书第1章介绍了燃气涡轮设计体系的发展、涡轮内的主要流动损失、主要的涡轮气动设计技术,并简单介绍了涡轮气膜冷却技术概况,以及优化技术及其在涡轮气动设计中的应用;第2章介绍了分层气冷气动优化设计体系的体系内涵及具体实施过程;第3章重点讨论了物理条件对计算精度的影响以及气冷涡轮损失评价,本章内容直接关系到优化设计的可靠性;第4章通过实例全面介绍了气动优化设计体系的应用;第5章介绍了考虑气膜冷却的气动和传热的影响研究;第6章介绍了气热耦合优化及对气动与传热的影响研究。

　　本书在编写过程中,作者参考了哈尔滨工业大学发动机气体动力研究中心及推进理论与技术研究所多位老师及博士、硕士研究生发表的学术论文及学位论文,在此一并向相关作者表示诚挚的谢意,此外还要特别感谢王仲奇院士、冯国泰教授全程给予的指导和帮助。

　　本书的出版得到国家自然科学基金青年基金的资助(项目号:51206034)以及黑龙江省精品图书出版工程的资助,在此表示衷心感谢!

　　由于作者水平所限,书中疏漏和不妥之处在所难免,恳请读者批评指正。

作　者

2018 年 9 月

前 言

目　　录

第1章　绪论 ……………………………………………………………………… 1

 1.1　引言 ……………………………………………………………………… 1

 1.2　燃气涡轮设计体系的发展 ……………………………………………… 1

  1.2.1　一维与简单径平衡方程半经验设计 ………………………… 2

  1.2.2　准三维设计 …………………………………………………… 2

  1.2.3　全三维设计 …………………………………………………… 3

 1.3　涡轮内的主要流动损失 ………………………………………………… 6

  1.3.1　叶型损失 ……………………………………………………… 7

  1.3.2　二次流损失 …………………………………………………… 8

 1.4　主要的涡轮气动设计技术 ……………………………………………… 12

  1.4.1　叶型气动载荷分布 …………………………………………… 12

  1.4.2　叶片扭曲规律 ………………………………………………… 13

  1.4.3　弯叶片 ………………………………………………………… 15

 1.5　涡轮气膜冷却技术概况 ………………………………………………… 17

  1.5.1　气膜冷却研究进展 …………………………………………… 17

  1.5.2　冷气掺混对气动性能的影响 ………………………………… 18

 1.6　优化技术及其在涡轮气动设计中的应用 ……………………………… 20

  1.6.1　优化算法 ……………………………………………………… 20

  1.6.2　试验设计方法 ………………………………………………… 21

  1.6.3　近似建模方法 ………………………………………………… 23

  1.6.4　优化技术在叶轮机械设计中的应用 ………………………… 25

第2章　分层气冷涡轮气动优化设计体系 ……………………………………… 27

 2.1　体系内涵 ………………………………………………………………… 27

 2.2　一维优化设计 …………………………………………………………… 32

  2.2.1　目标函数与设计变量 ………………………………………… 33

  2.2.2　约束条件和损失模型 ………………………………………… 34

  2.2.3　优化方法及策略 ……………………………………………… 35

 2.3　S_2 正问题优化设计 …………………………………………………… 36

  2.3.1　S_2 流面计算 ………………………………………………… 37

  2.3.2　涡轮叶片成型 ………………………………………………… 44

  2.3.3　优化方法及策略 ……………………………………………… 46

 2.4　三维优化设计 …………………………………………………………… 47

2.4.1 三维优化设计难点 ……………………………… 48
2.4.2 叶型参数化 …………………………………… 48
2.4.3 优化设计平台 ………………………………… 52
2.4.4 优化设计流程 ………………………………… 54
2.4.5 优化策略 ……………………………………… 55
2.4.6 优化设计基本思路 …………………………… 57
2.5 基于局部和并行策略的多级优化设计 ……………… 58
2.6 设计平台及开发 ……………………………………… 60

第3章 物理条件对计算精度的影响与气冷涡轮损失评价 … 62
3.1 引言 …………………………………………………… 62
3.2 气冷涡轮各种模型计算误差分析 …………………… 62
3.2.1 湍流模型与计算精度 ………………………… 62
3.2.2 多组分计算影响 ……………………………… 66
3.2.3 热辐射影响 …………………………………… 68
3.2.4 壁面传热条件影响 …………………………… 72
3.2.5 叶型积迭位置变化造成的影响 ……………… 75
3.2.6 优化中计算精度与优化结果可信度 ………… 79
3.3 气冷涡轮损失评价方法与后处理方法 ……………… 79
3.3.1 损失评价方法 ………………………………… 79
3.3.2 后处理方法 …………………………………… 83

第4章 气动优化设计体系的工程应用 …………………… 87
4.1 某四级低压涡轮 S_2 正问题气动设计 ……………… 87
4.2 某船用燃机五级动力涡轮气动设计 ………………… 88
4.2.1 一维设计与优化 ……………………………… 88
4.2.2 S_2 设计与优化 ……………………………… 91
4.2.3 三维设计与优化 ……………………………… 94
4.2.4 试验结果 ……………………………………… 103
4.2.5 设计方案特点 ………………………………… 103
4.3 民用航空高压涡轮气动设计 ………………………… 104
4.3.1 一维设计与优化 ……………………………… 104
4.3.2 S_2 设计与优化 ……………………………… 106
4.3.3 三维核算与调整 ……………………………… 107
4.3.4 设计方案特点 ………………………………… 111

第5章 考虑气膜冷却的气动和传热的影响研究 ………… 114
5.1 考虑气膜冷却的静叶优化研究 ……………………… 115
5.1.1 计算模型 ……………………………………… 115
5.1.2 叶型几何参数优化对静叶气动与传热的影响 ……… 117
5.1.3 叶型与冷却孔参数同时优化对静叶气动与传热的影响 ……… 122

　　5.2　考虑气膜冷却的动叶优化研究 ……………………………………………… 131
　　　　5.2.1　计算模型 …………………………………………………………… 131
　　　　5.2.2　叶型几何参数优化对静叶气动与传热的影响 ……………………… 132
　　　　5.2.3　叶型与冷却孔参数同时优化对动叶气动与传热的影响 …………… 137
　　5.3　考虑气膜冷却的整级优化研究 ……………………………………………… 145
　　　　5.3.1　计算模型 …………………………………………………………… 145
　　　　5.3.2　叶型与冷却孔参数同时优化对整级气动与传热的影响 …………… 146

第6章　气热耦合优化及对气动与传热的影响研究 ……………………………… 155
　　6.1　考虑气热耦合的静叶优化研究 ……………………………………………… 155
　　　　6.1.1　计算模型 …………………………………………………………… 155
　　　　6.1.2　叶型优化对气动与传热的影响 ……………………………………… 156
　　　　6.1.3　弯叶片优化对气动与传热的影响 …………………………………… 160
　　6.2　考虑气热耦合的动叶优化研究 ……………………………………………… 164
　　　　6.2.1　计算模型 …………………………………………………………… 164
　　　　6.2.2　叶型几何参数与冷却结构优化对气动与传热的影响 ……………… 165
　　6.3　考虑气热耦合的整级优化研究 ……………………………………………… 171
　　　　6.3.1　计算模型 …………………………………………………………… 171
　　　　6.3.2　叶型几何参数与冷却结构优化对气动与传热的影响 ……………… 173

参考文献 ………………………………………………………………………………… 179

第1章 绪 论

1.1 引 言

随着燃气涡轮机的发展,对气冷涡轮气动设计的要求越来越高,主要表现为涡轮前温度越来越高和冷气量越来越大,使高压压气机压比提高以及高压涡轮膨胀比增加;低压转子转速下降,低压涡轮气动负荷增大;飞行高度增加,雷诺数下降;发动机多工况运行及发动机的通用性提高,要求涡轮特性在比较大的范围内性能良好;在比较短的时间内涡轮转速相差几百甚至几千转,涡轮的非定常效应非常强烈。这些均迫切要求涡轮的气动设计体系、设计思想要有所发展。

另外我国航空发动机的发展状况比国外落后近二十年,要赶上或进一步超过国外的生产水平首先要在设计体系与设计思想上有所改进,如发展高推重比的军用发动机,发展军民结合的大飞机发动机,开发 F 级与 H 级地面燃气轮机,发展我国的舰用燃气涡轮发动机,发展弹用及分布式小型燃气轮机、坦克用燃气轮机等,同时必须发展燃气轮机的核心技术之一———气冷涡轮的气动设计体系与设计思想。

国内外在这方面的工作进展是有目共睹的。美国 PW 公司、GE 公司、NASA 研究中心、麻省理工学院,英国 RR 公司、剑桥大学,法国国营航空发动机研究制造公司,比利时的冯·卡门(Von Karman)流体力学研究院,俄罗斯彼尔姆航空发动机科研生产联合体、俄罗斯留里卡"土星"科研生产联合体、俄罗斯中央航空发动机研究院与莫斯科航空学院均有涡轮气动设计体系与设计思想的相关研究,另外国外通用涡轮气动设计体系与软件也有很大发展。国内沈阳发动机设计研究所、中国燃气轮机研究院、株洲航空动力机械研究所、哈尔滨工业大学、北京航空航天大学、西北工业大学、南京航空航天大学、中国科学院、清华大学均有相关研究,作者所在团队在这方面也做了大量研究。

1.2 燃气涡轮设计体系的发展

叶轮机械气动设计体系的发展缘于物理模型的变化和计算能力的发展,总的来说,从最初纯经验设计开始先后经历了一维经验设计、二维/准三维设计以及三维设计体系三个阶段。20 世纪末至 21 世纪初期,新的理论发展与设计方式催生了新的设计体系,如基于非定常理论的叶轮机时均设计体系和非定常设计体系,CFD 和 FEM 仿真中同时考虑流道中叶片和除叶片外其他部件真实三维流动情况以及非定常影响的全维(Full

Dimension)设计体系。

在涡轮设计体系的发展中,科学家和工程师做了很多工作,尤其是近半个世纪以来,在叶轮机械原理和计算流体力学理论方面的一些重要研究成果将涡轮设计推向了一个现代化设计领域。例如,吴仲华先生提出了基于 S_1/S_2 流面的准三维理论,Katsanis、Smith 和吴文权等人对 S_1 流面的数值求解,Adler、Hirsch 和朱荣国等人对 S_2 流面的数值求解以及 Denton、Ni 和 Dawes 等人提出的应用于叶轮机械流动 2D/3D 欧拉方程及 Navier—Stokes(有时简写 N—S)方程的时间推进法等,这些在实验和数值计算方面的成果促进了叶轮机械设计方法和体系的快速发展。目前,各种基于这些理论的自编和商业程序广泛应用于叶轮机械设计和分析。20 世纪 90 年代后,叶轮机械气动设计逐步进入非定常领域,并取得了一些成果,提出了诸如 Clocking 效应、非定常激励以及低雷诺数下的非定常转捩等概念,这对改善叶轮机械性能有很大帮助。

叶轮机械设计体系的发展从根本上来说是因为 CFD 技术的发展和对物理模型以及叶轮机械内流动损失认识的深入。

1.2.1　一维与简单径平衡方程半经验设计

受计算能力限制,20 世纪 40 年代,叶轮机械的设计主要采用一元流设计思想,通过叶轮机械基元级工作原理进行设计,设计中忽略了各参数沿叶高的变化。进入 50 年代,简单径平衡方程设计思想与设计方法被提出,与仅采用基元级设计相比,此时的设计可以简单地考虑展向流动参数的变化,对功率要求较大的发动机涡轮设计,这一设计理念是非常重要的。从上述内容可以看出,该时期的科学家和工程师对 N—S 方程做了相当大的简化,设计过程中主要采用的物理模型包括:一维流量连续、叶轮机械欧拉方程和简单径向平衡方程。大量实验获得的经验关系作为这些简化模型计算的补充,在长期的设计和应用过程中,对经验关系不断修正和改进。因此简化模型结合经验关系是这一时期设计体系的主要特征。例如,当时的英国,压气机的实验数据来自于 C4、C5、NACA 系列叶栅实验,涡轮主要源于叶栅实验和蒸气涡轮实验并辅以实验数据的插值获得。限于当时的技术条件,应用这类设计体系设计叶轮机的周期长、可靠性低。该一维经验和二维半经验设计体系仅适用于初期低负荷、大展弦比且流道变化不大的叶轮机,如 J79 发动机的压气机。随着大量实验数据和设计经验的积累,一维设计所采用的经验关系式被不断完善与修正。在目前的叶轮机械设计过程中,一维设计仍是确定通流基本参数与总体方案的重要手段,只是不再作为最终的设计手段,一维设计仍在目前的设计体系中占据重要地位。

1.2.2　准三维设计

随着计算能力的提高,一维经验与简单径平衡方程半经验设计体系也得到了发展,但是叶轮机械内的真实三维流动非常复杂,仅依靠上述物理模型无法真正描述三维流动的真实情况,限制了叶轮机械设计的发展。针对这一情况,1952 年吴仲华先生提出了基于两类流面(S_1 与 S_2 流面)的三元流理论,其理论基础是相对定常和简化的黏性运动模型,该理论使叶轮机械的设计产生了革命性的变革。该理论刚提出时,严格地讲并没有形成设计体系的概念,此时科研工作者重点着眼于以二维、无黏定常计算程序对流场进行求解。

20 世纪 50 年代后,理论上通过 S_1 与 S_2 流面的相互迭代便可以得到叶片通道的三维解,但受计算能力限制,该思路仍难以实现。在此之后,众多科研工作者对完全径平衡方程进行深入研究,并且取得了一些较为实用的成果,其中 Novak 与 Smith 提出了 S_2 流面流线曲率法;Jennious 和 Stow 提出了以周向平均的流线曲率法为中心,对 S_1 流面计算后进行叶片积迭的叶轮机械设计流程,此时才真正意义上建立了准三维设计体系,此后叶轮机械的设计进入了准三维设计时代并且准三维设计体系得到了不断的补充与完善。

随着计算能力提升,到 20 世纪 80 年代中期,采用有限差分求解轴对称欧拉方程 S_2 流面方法在涡轮设计过程中占据重要位置。我国众多科研工作者也在准三维计算技术中取得了一系列的研究成果,如吴仲华、陈乃兴、刘高联、王仲奇、吴文权均在准三维理论发展方面做出了突出贡献。

经过众学者的努力,以准三维计算为核心的准三维设计体系已非常成熟并在叶轮机械设计中发挥了重要作用,如 F100 和 CFM56 等的研制工作,都是准三维设计体系的应用成果。准三维设计的成功在很大程度上得益于在设计过程中积累了实验数据与设计经验,进而对损失模型进行修正。正是由于这种积累与工程设计的成功经验,在三维计算盛行的今日,准三维设计仍然不可替代,众多知名设计机构依然采用准三维设计来考虑整体参数和参数沿叶高分布,如 NASA 研究中心、Boeing 公司以及 Rolls-Royce 公司等在压气机总体设计过程中依旧采用准三维设计中的 S_2 流面流线曲率法来确定整体参数和参数沿叶高分布。与采用一维与简单径平衡方程半经验设计所得的叶轮机械相比,采用准三维设计体系得到的叶轮机械,其效率得到了大幅提升。

综上所述,虽然受计算理论限制,准三维计算方法对于复杂的三维流动现象不能进行准确模拟,但目前其在叶轮机械设计过程中的作用是无法替代的。

1.2.3　全三维设计

20 世纪 80 年代后,对叶轮机械整机运行效率的要求逐渐提高,众多学者和设计人员认识到只有对叶轮机械内的三维流动有充分的认识,才能得到更有效的控制流动的手段,提升叶轮机械设计的水平。此时的准三维理论由于忽视了叶轮机械内三维流动特性,无法准确地描述真实流动,已经不能满足设计人员的需求,设计人员迫切需要有效的工具去认识叶轮机械内的真实流动。在流动理论方面,基于两类流面的三元流理论与准三维设计取得辉煌成果的同时,学者们对流动理论以及计算理论的追求并未停滞,但是叶轮机械内的流动是计算流体力学领域遇到的最复杂的问题之一,直到 1974 年 Denton 采用 Neumann 提出的时间推进法第一次通过数值模拟得到了叶轮机械的三维定常流场。此后,叶轮机械三维流场的求解成为众多学者的主要研究方向,其计算终于突破了无旋和无黏的局限,多种求解方法得到了应用,诸如流函数、势函数、压力修正法和时间推进法以及谱方法和大涡模拟等,Lakshiminarayana 充分总结了求解叶轮机械流场的各种方法以及各种求解方法的物理近似。

20 世纪 80 年代初,计算流体力学中叶轮机械的全三维计算得到了充分的发展,是源于此时出现了一系列的经典数值格式和计算方法,诸如 Lax-Wendroff 格式、TVD 格式、多重网格法及区域分解算法等。

在全三维计算经过近二十年的发展之后,进入 20 世纪 90 年代,全三维气动设计体系已基本形成,此时对三维流场的模拟是针对孤立叶片进行的,因此设计过程也是针对孤立的叶片排。其设计思路是将整机分割为若干个叶片排孤立进行研究,因此无法考虑相邻叶片上下游的影响,这样即使在定常条件下,设计结果仍具有一定风险性,尤其是对于负荷较高的叶轮机械。

为了解决单列三维计算无法模拟叶轮机械多级流动的问题,学者们采用了"混合平面"法对叶轮机械进行多列的流动模拟,至今该方法仍是叶轮机械三维设计领域的主要方法。其通过在交界面处传递相邻计算域的参数完成多列叶片联算,假定上游计算域内的流体在进入下游计算域之前,在计算域交界面处已经周向掺混均匀,这样在将上游参数传递至下游后可以保证交界面上下游周向平均的质量连续以及动量和能量守恒。采用上述"混合平面"法在周向流动的不均匀程度较低时,该方法相对有效,其计算结果与实验结果较为接近,符合目前工程设计的需求。需要注意的是,人为地使交界面的参数周向平均化,不可避免地带来了计算误差,主要表现在三个方面:第一,丢失与周向不均匀性密切相关的流动特性,其无法传递到下游区域;第二,人为的掺混过程造成了交界面前后参数的不连续,尤其是导致熵的突变,由于掺混导致的总压损失可达 0.5%~1.5%;第三,真实的流动过程是非定常脉动的,人为的掺混过程使动量与动能的脉动现象消失,不利于研究人员把握流动的本质。混合平面的方法出现后,多列叶片的联算工作逐步展开,如 Ni、Adamczyk、Chima、Denton、Dawes 等人的工作颇具代表性。

20 世纪 90 年代,多列叶片联算的问题解决后,三维气动设计体系得到了完善,全三维设计的手段真正进入了工程实用阶段。相对于原来的准三维设计体系,采用三维设计体系可以考虑到掠叶片、弯叶片、非对称端壁等技术手段导致的三维流动效应,因此三维设计体系更符合现代高性能叶轮机械的设计需求。采用全三维设计,可以使设计人员更深入了解叶轮机械内部流动现象与流动机理,提升设计人员设计水平,缩短设计周期,降低研究和设计成本。全三维设计体系首先在汽轮机叶片设计上得到了充分应用,尤其是采用三维设计概念对叶片进行叶型和弯扭联合成型,是汽轮机第三代气动设计的核心体现。在航空发动机领域,全三维设计体系的价值更是在第四代航空发动机的研制工作中得到充分体现,美国的 F119 与 F135,欧洲的 EJ200 与民用航空发动机领域 GP7000、Trent900 以及各自的衍生型号等高性能航空发动机的成功研制就是其典型代表。

全三维设计体系得到充分发展的同时,叶轮机械设计要求也逐渐提高,三维设计体系中忽略非定常效应的特点对叶轮机械设计水平进一步提升产生了限制,尤其是针对高负荷、高效率、高裕度的叶轮机械设计。在此条件下,时均气动体系应运而生。时均气动设计体系的理论基础是通道平均流动模型,该模型将 Navier－Stokes 方程转化为通道平均方程,得到无差别时均流动的精确模型方程,但方程形式较复杂,对其进行简化得到了以流动周期为时间尺度的时均 Navier－Stokes 方程。在上述理论基础上进行流动模拟可充分考虑叶轮机械内非定常流动的时均效应对性能造成的影响,部分消除了全三维设计体系中由于"混合平面"假设造成的影响。采用"混合平面"法对高负荷以及多级叶轮机械进行模拟,忽视了周向参数严重不均匀导致的堵塞效应;在周向参数严重不均匀情况下,流体经过多次"混合平面",其人为掺混导致的损失误差逐渐积累,最终导致模拟结果偏离实际工作状况。因此可以说,时均气动设计体系的出现,解决了全三维设计体系在高负荷、高裕度多级叶轮机械设计方面面临的部分困难。

非定常设计体系的提出源于对流体非定常流动本质的探索与叶轮机械性能进一步提升的要求,非定常设计体系的提出融合了目前对非定常流动本质的理解与高性能叶轮机械设计的需求,采用非定常手段对叶轮机械进行设计、优化以及开发新气动布局是其主要特点。非定常设计体系融合了定常条件下无法体现和利用的技术,从目前研究成果来看,其核心技术主要包括:更符合真实流动情况的非对称因素设计技术(非均匀进/排气、非均匀构件影响)、针对周期性因素的设计与优化技术、新气动布局与流型设计技术。可以看到,非定常设计体系综合了多个部件的影响,有发展成集合气动、传热、强度和噪声的多科学一体化设计体系的趋势。定常设计手段发展到现在,受其理论基础的影响,并不能真实反映流体流动情况,其对叶轮机械潜力的挖掘已经十分有限,而非定常设计手段的应用可以取得一定突破,以文中提及的对非定常设计体系核心技术的研究为例,通过对流动的非定常模拟与分析获得一定技术手段,消除或者利用构件的非均匀布置以及非均匀进/排气对性能的影响;在周期性影响方面,非定常条件下合理布置叶片排之间位置以充分利用时序效应并削弱热斑对叶片寿命的影响;在新气动布局与流型设计方面,高负荷叶片的设计可在非定常条件下充分利用沉静效应提升叶片负荷,非定常条件下通过缘线匹配改善叶轮机械的工作裕度,降低气动噪声,合理分布热负荷等。在常规气动设计已经较为完善的今天,从目前对流动现象的理解来看,发展非定常气动设计体系是使叶轮机械设计能力获得较大突破的最有效手段。

从以上设计体系的发展历程可以看到,计算能力的突飞猛进以及流动理论的发展总会给叶轮机械的设计理论与方法带来较大突破。但是全三维设计体系的出现反而导致了对于 CFD 模拟结果的过度相信,应注意目前为止完全依赖应用定常和非定常全三维Navier－Stokes 求解流场来提高机组性能还没有达到在任何情况下都给出满意结果和设计方案的能力。在设计体系的框架下,CFD 仅是设计人员理解叶轮机械内部流动机理的一个廉价而有力的工具,最终的设计与改进工作往往更依赖于工程师的理解与判断以及经验的不断积累。

1.3　涡轮内的主要流动损失

　　关于流动损失的概念并没有统一的定义,在叶轮机械领域,通常称降低效率的任一流动特性为损失,但与涡轮效率对应的影响循环效率的因素除外。最初,20 世纪 40 年代之前,人们一直基于传统的附面层理论来实验研究叶栅流场的黏性流动及损失,长期对透平机械内部流场和损失机理缺乏足够的认识。1948 年,Ainley 通过实验研究注意到透平机械中二次流的存在,并对叶栅内的损失进行了划分,主要包括二次流损失(包括叶尖间隙损失)、叶型损失和端壁损失。1966 年,Horlock 将叶栅端部附近附面层及其旋涡分离流动定义为二次流。按文献[38]的划分方法,叶栅损失包括叶型损失、尾迹损失(也可归入叶型损失)、二次流损失、叶尖漏气损失及激波损失,叶栅流道内的总损失是这几种损失的综合结果。图 1.1 给出了 GEC ALSTHOM 公司对冲动式涡轮叶片级流动损失的分类。目前看来,叶栅通道内的损失是相互联系、相互影响的,因此无法将各种损失割裂开来进行划分,但这样的划分方法,能较细地考虑各种因素的影响,便于对损失进行定性预测。

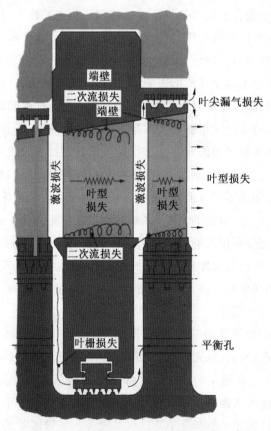

图 1.1　冲动式涡轮叶片级流动损失的分类

Fig. 1.1　Losses in Impulse Turbine Stages

1.3.1　叶型损失

叶型损失的根源是叶片表面附面层的存在,其强度与叶片表面附面层的发展有关。叶型损失的主要表现形式包括气流黏性引起的附面层内摩擦损失、附面层的分离损失和叶片尾缘引起的尾迹区内的能量损失。叶型损失也称为二维损失,这主要是由于涡轮叶栅气流流动复杂,端壁附近气流流动尤为复杂,二次流动影响较大,因此在考虑叶型损失时,常常关注叶片翼展中部受二次流影响较小的区域内的损失,即为叶型损失,而这里的流动假设是二维的。叶型损失受很多参数的影响,大致可以分为两类:一类是叶栅几何参数;另一类是叶栅工况参数。20 世纪 70 年代,国内外学者针对各种叶型损失进行了深入研究,并做了大量的静态吹风实验,其目的是确定叶型损失随气流攻角、马赫数、雷诺数及叶栅几何参数的变化而变化的规律,以便选择合适的叶型。

1.3.1.1　马赫数的影响

马赫数对叶型损失影响明显。主要规律是随着马赫数的增加损失系数降低,降到某一临界值时,损失系数随马赫数的增大而迅速增大。这主要是因为在亚声速无脱流的情况下,压力梯度随马赫数的增加而增大,使得扩压段内正压力梯度增大、降压段内负压力梯度增大。而沿透平叶栅叶型表面主要是降压流动。因此,随着马赫数的增加,叶型表面的降压段内的附面层减薄,能量损失下降。然而,Hebbel 等的研究结果表明,低马赫数下叶型损失基本不变;当出口马赫数大于 0.65 以后,损失迅速增加;当马赫数继续增大,叶片表面局部超声速将会出现,产生激波引起附加波损,同时激波与附面层作用,会使附面层突然增厚并诱导分离,也会使损失增加很快。目前,这种相互作用的机理仍然没有被深入认识。

1.3.1.2　雷诺数的影响

Hebbel 等研究了雷诺数对叶型损失的影响,获得了雷诺数对叶型损失影响的基本规律:从 10^5 增加到 5×10^5 时,总压损失系数剧烈下降;当雷诺数继续增加时,损失下降的趋势减慢。Deich 等认为,损失急剧减小的雷诺数为 2×10^5,当雷诺数大于这一值时,损失减小的速度减慢,当雷诺数大于 10^6 后,损失不随雷诺数变化。当雷诺数小于 10^5 时,附面层的流态为层流;当雷诺数为 $10^5 \sim 10^6$ 时,叶片表面的附面层既有层流也有紊流,损失大小由转捩点的位置决定;当雷诺数大于 10^6 时,叶片表面的附面层全部发展为紊流附面层。

1.3.1.3　攻角损失

实践表明,任一叶型都存在相应的最佳攻角,在最佳攻角情况下攻角损失最小。大多情况下,压气机的最佳攻角为正,涡轮的最佳攻角处在负的范围。攻角损失在机组非设计工况运行时要非常注意,因为会导致叶栅负荷发生变化,叶片表面特别是叶栅前缘速度分布发生变化。偏离设计工况过大的正、负攻角,都可能在叶片前缘造成分离而引起相当大的损失。

1.3.1.4　叶栅几何参数的影响

叶栅的进出口几何角是体现叶栅负荷的重要参数,在流道内,气流折转随叶栅几何折转角增大而增大,这就会使叶片吸力面最低压力点向前移动,后半部分附面层增厚而可能导致分离,因此叶栅进出口几何角对损失影响非常大,所有的损失估算公式都体现了叶栅进出口几何角的影响。

最佳节距是任何叶栅都存在的,当相对节距大于最佳节距时,叶片数减少,气动负荷增大,叶片吸力面最低压力点前移,使叶片吸力面正压力梯度增加同时扩压段加长,导致叶片表面附面层增厚,损失增大。当相对节距小于最佳节距时,叶片表面附面层厚度在流道内所占的比例增加,势流区相对减小,损失也增大。叶片尾缘处,由于压力面与吸力面之间的速度差异形成尾迹涡系,尾缘厚度越大,这种差异越大,必然加强了这部分区域及其与主流之间的掺混损失。

随着对透平机组气动性能要求的提高,级负荷增加使叶片表面的静压分布发生变化,逆压梯度区域的相对增加使叶片表面容易出现分离流动。因此,从20世纪80年代后期,叶型损失的重点转移到考虑沿叶片表面附面层转捩的分离流动上,从而出现了许多型线优良的叶型。这种分离流动与叶片表面附面层的发展、附面层的流态密切相关。从层流到湍流的过程,在理论上还没有得到解决,附面层转捩的位置往往要靠经验给定。要精确预测叶型损失必须对叶片表面的流动过程进行全面系统的实验研究,了解转捩机理,建立合理的附面层转捩模型和经验准则。近年来各国学者对此进行了大量的实验研究和理论分析工作。研究结果表明:在燃气轮机通常工作的雷诺数范围内,叶片表面附面层的转捩程度很高,常规的简化假设即认为叶片附面层从叶片前缘开始就是湍流的观点是错误的。文献[39,55]的实验研究了透平叶栅中大攻角下的分离流动特性及分离泡结构,并给出了叶片压力面上的分离流流型。图1.2是Lakshminarayana给出的在叶片表面具有层流分离泡的示意图,由于当地逆压梯度的存在,层流流动可能产生分离。分离泡的存在使叶栅损失增加,转捩取决于来流的湍流度、流动的加速、叶片表面粗糙度以及最重要的雷诺数。

1.3.2　二次流损失

垂直于流向截面内的各种涡系结构是叶轮机械叶栅内复杂流动特性的主要表现之一,这些涡系结构统称为二次流,它们所造成的损失即为二次流损失。二次流损失因为在总损失中占有较大的比重,所以一直受到重视,减小或合理控制这部分损失成为提高叶轮机械效率的关键之一。表1.1中,Sharma比较了小型涡轮中各项损失所占的比例。从表中可以看出,二次流在叶栅流道中占有相当重要的地位,而现代燃气涡轮高负荷、高效率、宽工作范围和低噪声的发展趋势,更将导致叶栅内流动越来越强烈的三维性和二次流效应,二次流损失在总流动损失中所占比例将达到$50\%\sim70\%$。大量的实验表明,叶栅流道内的涡系结构与具体的叶栅几何参数和气动参数密切相关,强烈地依赖于实际的流动条件,增加了对二次流流动机理认识的难度。

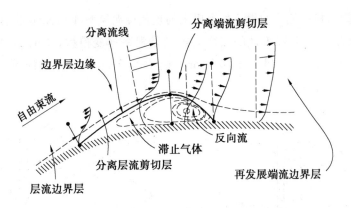

图 1.2　叶片表面具有层流分离泡的示意图

Fig. 1.2　Scheme of laminar separation bubble on a turbine blade

表 1.1　小型涡轮中各项损失所占的比例

Table 1.1　Each item energy loss comparison of small turbine　　　　　　　%

类型	静叶	动叶
出口边损失	20	17
叶型损失	40	13
二次流损失	40	57
叶尖损失	0	13

　　目前对叶栅内由各种涡系及其相互作用所引起的损失机理的认识还不够深入。在叶轮机械内,由于黏性和复杂几何形状引起的各种形式的二次流,常以通道涡、尾涡、泄漏涡、角隅涡和刮削涡等多种形式存在。叶大均等认为,在壁面(包括端壁和叶片表面)压力梯度作用下所有偏离主流方向的流动均称为二次流。因此,壁面黏性效应和壁面压力梯度的大小、方向是决定二次流大小的两个主要因素,而这两个因素都与来流条件和叶栅几何形状密切相关,因此不同来流条件和叶栅几何形状导致二次流损失产生的机理各具特点。在实际应用中,由于三维等熵流动不易求得,一般把叶栅中部气流方向、叶栅平均气流方向或叶栅几何出气角方向等作为参照基准,把实际气流速度向量向与这个方向垂直的面上投影得到近似的二次流速度矢量。这样的二次流速度作为分析叶栅流场特性的依据,基本上可以反映出各种非主流因素对叶栅内流动的影响,但与理论上二次流的定义有一定的差别。

　　自二次流概念被提出以来,国内外学者对其进行了大量的研究。如何认识进而控制二次流以便减少叶轮机械流动损失,已经成为叶轮机械研究的主要热点之一。Lakshminarayana 和 Horlock 在 20 世纪 60 年代为了有助于增加对这种复杂流动的理解,对叶栅二次流进行了详细划分。之后,人们通过理论分析和实验观察等手段提出了许多种二次流模型,如陀螺模型、通道涡与马蹄涡并存的旋涡模型(Kelein 的模型)(图 1.3(a))、根据三维流场测量及对极限流线的墨迹显示提出的现代旋涡模型(Langston 的模型)(图 1.3(b))等。但到目前为止,最具代表性的二次流模型是涡系演变模型(图 1.4)、Langston 模型、Sharma 和 Butler 模型、Goldstein 和 Spores 模型以及 Denton 给出的一个较为典型的涡轮中的二次流图谱模型。

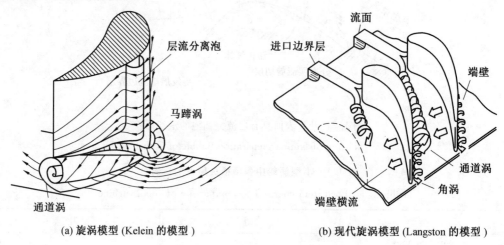

(a) 旋涡模型 (Kelein 的模型)　　　　　　　　(b) 现代旋涡模型 (Langston 的模型)

图 1.3　透平叶栅端壁二次流模型

Fig. 1.3　Endwall secondary flow models for turbine cascades

　　根据上述模型,可以将叶栅二次流详细划分为:①二次涡(Secondary Vortices),又称为通道涡(Passage Vortices),这种涡成对出现在叶栅的两端,方向相反,强度较大,对叶栅速度场起决定性的影响;②尾涡(Trailing Vortices),包括出口脱落涡和出口片状涡;③壁角涡(Corner Vortices),它对叶栅损失的影响也较大;④壁面涡(Wall Interface Vortices),它位于吸力面,处于通道涡上方,旋向与通道涡相反;⑤对一端有间隙的叶栅,还存在叶顶泄漏涡(Tip Leakage Vortices),其方向与通道涡的方向相反;⑥由于转子相对于壁面的运动引起环面附面层的运动,形成刮削涡(Scraping Vortices);⑦透平冷却二次流(Cooling Flows)。流场中这些涡系构成了叶轮机械叶栅中复杂的三维黏性旋涡运动。

　　Dunham 详细地分析了已有数据,并根据涡核学说总结出了二次流损失主要与长度项、来流附面层和叶片负荷三个因素有关。

1.3.2.1　长度项的影响

　　二次流损失一般只集中在两个端部。当叶栅较长时,两端二次流对中部主流区的扰动作用相应减少,并且势流区相对流量增大,二次流影响区域中的损失基本不变,因此总损失减小。文献[104]的实验表明,当展弦比 h/B 小于一定值时,叶栅两端的二次流影响区域在叶展中部汇合,形成一个高损失区,损失系数将迅速增长。一般以展弦比来衡量长度项的影响。另外,相对轴向栅距 t/B 对二次流的影响也相当大。当相对轴向栅距比较小时($t/B<1.0$),随着 t/B 的增加,叶栅流道收敛度改善,二次流损失有所降低;当 t/B 增加到一定程度后,随着 t/B 的进一步增大,相应的叶栅负荷增大,叶片吸力面上出现较大

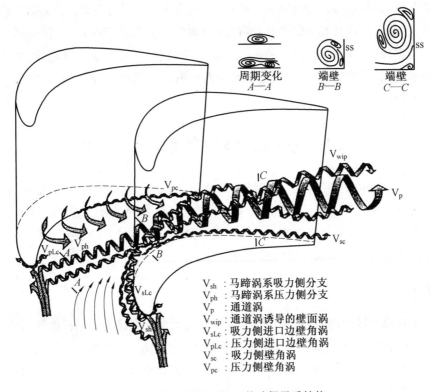

图 1.4　Wang Hai－Ping 的叶栅涡系结构

Fig. 1.4　Turbine cascade vortex model by Wang Hai－Ping

的扩压段,会导致附面层分离,二次流损失急剧增加。

1.3.2.2　来流附面层的影响

二次流受来流附面层的影响较大。Armstrong 采用人工加厚附面层的方法得到明显的二次流损失增加,Turner 采用吸走附面层的方法发现损失减小。Wolf 较详细地研究了进口附面层对二次流损失的影响,当进口附面层从较薄层流态增大时,损失也增大,当附面层增厚到一定程度时(即增大到临界附面层厚度 S_{cr} 时),损失变化就不明显了。进口附面层薄厚不但影响到损失,而且对损失的分布也有影响。

1.3.2.3　叶片负荷的影响

根据对二次流成因的分析可知,二次流损失主要是由于壁面(包括叶栅壁面和端壁壁面)附面层在相应压力梯度的作用下,在端壁和吸力面组成的角区里堆积而引起的。二次流的强度在很大程度上取决于叶片表面和端壁上的压力梯度分布,尤其是与出口处及进口边表面压力分布有关。如果叶片负荷增加,冲角增加,气流转折角一定增加,收敛度减小,那么叶片表面附面层厚度增加,叶片壁面上横向压力梯度增加,二次流的强度和二次流损失也就相应增大。

除了以上三个因素外,前面所述的影响叶型损失的因素也都能影响二次流损失。在亚声速情况下,当叶栅出口马赫数增加时,叶片吸力面上的压力系数压力系数比压力面上的增加得快,故随出口马赫数的增加,流道内的横向压力梯度下降,端部损失减小。雷诺数增加端部损失也下降,其原因是随着雷诺数的增加,端壁附面层变薄,从而减小了参加附面层中横向运动的气体质量。叶轮机械叶栅内的流动是极其复杂的,影响二次流的因素也是多方面的。

1.4　主要的涡轮气动设计技术

涡轮设计过程中主要存在三个型面的设计问题,即回转型面、子午型面和侧型面,其集中体现在叶片型线的设计、流道设计与叶片弯扭掠形式的设计。其中的每项研究均取得了较为丰富的成果,下文将简单介绍型线设计的发展和弯叶片的研究成果与发展,其中型线的设计主要从叶片载荷分布的形式进行介绍。

1.4.1　叶型气动载荷分布

叶片是叶轮机械内部的核心部分,其本身的气动性能直接决定整机的气动效率,因此针对叶型的研究就颇为重要。随着对流动现象认识的加深,为降低气动损失,出现了众多型线设计原则与概念,其中通过改变叶片载荷分布形式来提升气动效率是一个主要的方面。以下从叶片载荷分布形式来简介型线设计概念。

叶片的载荷分布形式主要有前部加载、均匀加载和后部加载,不同的载荷分布形式主要通过静压沿型线的分布曲线构成的封闭图形的面积以及不同位置的压差来决定。

在高负荷涡轮设计出现之前,相对于前部加载叶型,采用均匀加载以及后部加载的形式对流动损失的降低是较为有利的。叶片吸力侧流体从前缘驻点逐渐加速,在中间区域速度基本保持不变,而到达后部区域后出现较大的扩压现象,此时出现的压力分布形式符合均匀加载的特征。Mareha 和 Sieverding 于 20 世纪 70 年代提出了后部加载的概念,在吸力侧 60% 弦长之后范围内由于较大的顺压梯度导致流动扩压现象严重,压力迅速下降至最低压力点,这种流动情况能够保证边界层内的流动基本保持层流状态,由最低压力点至出口位置,出现了逆压力梯度导致边界层增厚、转捩,但在发生分离前流体已经进入下游区域。由上述流动机理可知,采用后部加载能够有效延缓转捩的发生和避免分离流动的发生,有利于减小损失,在对展弦比较小的常规涡轮进行设计时,后部加载形式在减小通道内二次流方面有其他两种加载形式不具备的优势。图 1.5 显示了均匀加载与后部加载形式。

Hodson 等指出在低雷诺数定常流动条件下,后部加载会导致叶型损失增加;若考虑尾迹的影响,后部加载叶型对气动性能的提升较为显著;在非定常条件超高负荷条件下采用后部加载形式,也会导致气动性能的降低。文献[139]的数值模拟结果也验证了上述部分结论。在低雷诺数条件下,超高负荷叶片设计时采用后部加载形式会导致吸力侧出现

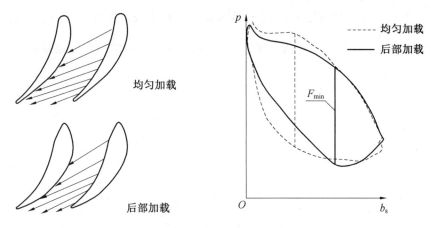

图 1.5　均匀加载与后部加载形式

Fig. 1.5　Form of uniform loading and rear loading

明显的分离气泡,降低气动性能。

对于前部加载,由于其往往会导致流道内横向二次流的加大,常规涡轮的设计过程中,在后部加载型线出现后,前部加载的应用相对减小。但是随着目前高负荷涡轮的设计,前部加载又显示了其优势,采用前部加载形式可获得更大的气动负荷,降低叶片数量与发动机质量,节约成本,在实际应用过程中需要采用其余技术控制流道内的横向二次流,提升前部加载的应用空间。

对于均匀加载的静叶流道内流动结构与前部加载以及后部加载叶片的流动结构几乎一致,其受二次流的影响相对于后部加载较大,但随马赫数的升高,端区二次流难以进入主流区域,均匀加载叶型体现出较好的跨声速性能;而对于后部加载叶型在马赫数较高时,尾缘的逆压力梯度急剧上升,反而会使气动效率降低。

从以上对叶片加载形式的综述可以看到,不同的加载形式具有各自不同的适用范围,不能简单地判定某种加载形式的优劣,在实际应用过程中应根据不同的实际情况确定所要采用的负荷加载形式。

1.4.2　叶片扭曲规律

20 世纪 40 年代,叶轮机械主要采用基元级的原理进行设计,主要是在叶片进、出口位置采用速度三角形简单确定气动参数,忽略参数沿叶展方向的变化,由此导致的设计结果是动静叶均为直叶片。为进一步提升叶轮机械性能,出现了以简单径向平衡方程为理论基础的设计,采用简单径向平衡方程可基本确定气动参数沿叶展方向的变化,此时对叶片的设计出现了不同的扭曲形式。随着设计要求的进一步提升,出现了以求解完全径向平衡方程为理论基础的可控涡设计方法,以下将简要介绍叶片扭曲规律的发展。

1.4.2.1　简单径向平衡方程

在讨论级前、级后和动静叶片间隙中三个特征截面上的气流参数问题时,在气体微团只沿同心圆柱面运动的条件下,近似地认为在三个特征截面上所有气体参数沿轴向 Z 的偏导数均等于零,即 $\frac{\partial}{\partial Z}=0$,并假设在这些截面上,气体参数沿周向的偏导数也等于零,即 $\frac{\partial}{\partial \theta}=0$,此外略去气体的黏性,并认为流动是定常的,则得到简单径向平衡方程:$\frac{\partial p}{\partial r}=\frac{Cu^2}{r}$,等式右端表示单位质量流体产生的离心力,等式左端表示单位质量流体的径向压力梯度。在进行简单径向平衡方程求解时,产生了以下几种扭曲规律:

(1)等环量扭曲方法。该方法是广泛采用的一种长叶片设计方法,其优点是在每一圆柱层上,单位质量的气体自级入口至出口产生相同的轮周功,换言之,采用该扭曲方法可保证沿叶高的等功条件。每个流层上的等功条件保证了级后各流层上的滞止焓相等(在级前滞止焓相等的条件下),因此避免了流层间的摩擦和漩涡造成的混合损失。但当叶片径高比降低时,等环量扭曲方法的缺点比较明显,其动叶片扭曲特别剧烈,进气角沿着半径变化很大,给叶片的加工和制造带来了较大难度,为了简化叶片的工艺和结构,科学家提出了等出气角扭曲方法。

(2)等出气角扭曲方法。该方法是指静叶片出口按照出气角沿半径不变的条件设计,这种扭曲方法仅规定了静叶片出口边的扭曲方法,而没有规定动叶片出口边的扭曲条件。对于动叶片出口边,存在几种不同的扭曲方法,其中比较典型的有:动叶片出口按等功进行扭曲,动叶片进口按照等出气角扭曲,这种扭曲规律又称为非自由漩涡扭曲规律;按等出气角条件扭曲,这种扭曲方法使叶片的加工和制造工艺较简单;动叶片出口按等背压条件进行扭曲,在级前气流参数不变条件下,当级后压力沿叶高不变时,级焓降沿叶高也不变,轴向速度沿着半径自根部至顶部逐渐下降。

(3)等密流扭曲方法。等环量和等出气角扭曲方法均不能保证涡轮通流部分各截面上的密流沿叶高不变。等环量扭曲方法使得在叶片的顶部单位面积中通过的气体质量大于在叶片根部单位面积通过的气体质量,按照等出气角的扭曲方法会使流经叶片根部的气体密流大于顶部,使流体微团向叶片顶部偏移。为消除气体微团的径向运动,在 20 世纪 50 年代提出了等密流扭曲方法设计长叶片。按照等密流的设计方法,轮周功自叶根至叶顶逐渐增加。

1.4.2.2 完全径向平衡方程

叶片径高比较小时,叶片顶部的反动度可能较高,使得动叶顶部间隙中的漏气损失增大,为降低这部分的能量损失,需要减小顶部的反动度,而前三种扭曲规律,其反动度沿叶高的分布大致相同。

1968 年,Dorman 发表了可控涡长叶片的实验结果,根据其实验结果可控涡设计的长叶片比常规设计的长叶片具有更高的效率,在实际应用中,可控涡的设计思想也取得了较好的效果。可控涡技术于 20 世纪 70 年代用于燃气轮机,如波音 747 飞机装备的 JT9D 发动机,由于采用了可控涡的设计思想,提升级做功能力,使得低压涡轮的设计由 6 级改为 4 级。可控涡的设计思想在 20 世纪 80 年代中期陆续为汽轮机设计人员所接受并采用。

可控涡设计的思想主要体现在：涡轮的反问题设计计算中，通过轮周功沿叶高的变化以达到在径向合理分布级反动度的目的。其本质是通过改变涡轮级通流部分的质量流量沿叶展的分布规律来促使流线在级静、动叶间隙中出现反曲率，进而利用完全径向平衡方程式中右边第二项来抵消一部分径向压力梯度。通过控制反动度沿叶高合理分布以提高效率的研究，早在 20 世纪 60 年代初就由哈尔滨工业大学的研究人员用实验证明了。除了以上提到的可控涡的设计思想，还可以通过子午流线反曲率、合理三维造型、倾斜叶片以及弯叶片的应用来改变压力沿径向的分布，以使反动度沿径向分布合理。

1.4.2.3　扭曲方法的比较

首先对等环量、等出气角和等密流三种扭曲方法进行比较，三种方法给出的轴向分速沿半径变化差异较大。叶片按照等出气角进行设计，轴向分速沿叶高变化最大，等环量设计轴向分速变化不大，等密流设计居于两者之间。按照等环量设计叶片，不论是静叶还是动叶，扭曲均较剧烈，尤其是径高较小时，动叶出口相对气流角沿叶高的变化更为剧烈。从理论上看，等密流扭曲方法比其他两种方法更为合理，但当径高比较大时，按照该三种方法设计，从级气动效率上看，差别不大。

可控涡设计方法可改变级的反动度沿叶高分布，相对于前三种设计方法，可控涡设计是一种较先进的设计方法。虽然可控涡设计思想能够降低级的根部和顶部的漏气损失，也可以适当改善动叶根部区域流动状况，但应当注意可控涡的设计思想在应用于末级长叶片设计时，会造成整机余速损失增大，影响气动效率。因此，在应用可控涡设计思想对末级长叶片的设计过程中应避免对反动度过度控制造成的排气损失过大。

1.4.3　弯叶片

20 世纪 60 年代，王仲奇教授与其导师费里鲍夫共同提出了一种新的改善气动性能的造型方法——叶片弯扭联合造型。弯叶片的提出，实质上为气动设计人员增加了一个新的设计自由度——叶片沿叶高、沿周向变角度弯曲，与沿叶高变角度扭曲合理匹配，可使流动得到进一步优化。弯叶片的设计方法提出后，由于能显著改善叶轮机械内的流动情况，国内外学者对弯叶片开展了大量研究。直到 1981 年，王仲奇教授总结了小径高比条件下的弯叶片实验结果以及进行的大量数值模拟结果，解释了弯叶片的作用机理，即"附面层迁移"的理论。叶片弯曲后，沿叶片表面流体微团在径向的分力不为零，在叶片表面，尤其是吸力侧会形成"C"型压力分布，如图 1.6 所示。在此压力分布作用下，端壁附近的低能流体进入主流区域，降低了低能流体在端壁附近的堆积，有效避免了分离流动的发生，提升了叶栅气动性能。

实验表明，采用弯叶片可降低叶片吸力侧与压力侧的压差，有效降低横向二次流损失。文献[85,121]对低折转角、中折转角以及大折转角条件弯叶片的作用进行实验研究。

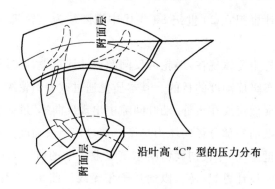

图 1.6　径向"C"型压力分布

Fig. 1.6　C−type radial pressure distribution

文献[56]指出,采用弯扭叶片,在设计工况以及变工况下均可以降低二次流损失,提升气动效率。文献[86]分别提出了最佳倾斜角与最佳积迭角的概念。王仲奇教授提出的侧型面的概念现今仍是三维设计的重要标志,如图 1.7 所示。从 20 世纪 90 年代开始,王仲奇教授将弯叶片应用于压气机叶栅并且进行了实验研究。文献[120]对 21 世纪之前的弯叶片研究成果进行了详细的综述。弯叶片的理论以及研究成果已经得到了国内外众多学者的认同,被不断地引用和证实。正是由于众多学者的努力,人们对弯叶片的认识不断加深,促进了弯叶片在实际机组中的应用,GE 公司、西门子公司、ABB 公司以及日本的东芝公司和三菱公司等先后将弯叶片应用于汽轮机设计工作中,均取得了良好效果,产生了巨大的经济效益。到目前为止,弯叶片在汽轮机以及燃气轮机中的应用已经成为提升气动效率的一种较为普遍和有效的技术手段。

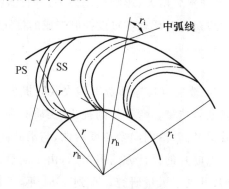

图 1.7　侧型面

Fig. 1.7　Side surface

PS—压力面;SS—吸力面

经过半个世纪的研究与发展,弯叶片的理论研究以及实际应用均取得了重大成就,对叶轮机械领域产生了重大影响,但是对于弯叶片的研究工作仍未停止,存在许多更加本质的流动现象需要进行探讨。王仲奇教授指出:为了揭示叶片弯曲降低流动损失的机理,应进行弯曲叶片的详细测量和流动显示,揭示各种涡系结构及尺度的变化,从而能更自觉地控制边界层和各种涡系的发展。随着目前实验手段的进步以及数值模拟手段的发展,从涡系及边界层等方面对弯叶片降低二次流损失机理进行研究,仍然是弯叶片的一个研究方向。

1.5 涡轮气膜冷却技术概况

涡轮燃气初温的提升使发动机性能不断提高,但也为传热设计带来了较大困难。20世纪 60 年代之前,冷却结构仅采用较为简单的内冷结构;70 年代,对冷却要求的不断提高催生了气膜冷却技术与冲击冷却技术,配合不断完善的内部对流冷却结构使得叶片的温度降幅达到了 300 K;到目前为止,传热设计中主要采用扰动对流冷却、冲击冷却、气膜冷却、发汗冷却、层板冷却与热障涂层等方式的组合设计,随着设计细节的不断完善,其冷却效果已经可以达到 600 K 以上。其中在冷气量相同的情况下,气膜冷却所达到的冷却效果仅次于发汗冷却,因此本节对气膜冷却的研究现状以及气膜冷却对气动性能的影响进行了简单总结。

1.5.1 气膜冷却研究进展

气膜冷却中冷气通过叶片表面的孔或缝沿一定喷射方向进入主流区域,由于主流流体的压力以及壁面的摩擦作用使冷气覆盖叶片表面,将主流高温燃气与叶片隔绝,削弱主流燃气与叶片的换热过程,从而降低叶片的温度,并且避免了高温燃气中杂质对叶片的腐蚀。气膜冷却由于其冷却效率较高并且布置方式灵活,是目前燃气轮机中高温部件的主要冷却方式之一。图 1.8 为气膜冷却的原理示意图与叶片组合冷却结构。

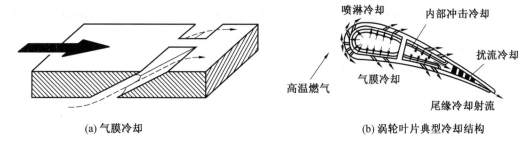

(a) 气膜冷却　　　　　　　　　　　　　(b) 涡轮叶片典型冷却结构

图 1.8　气膜冷却的原理示意图与叶片冷却结构

Fig. 1.8　Schematic diagram of film cooling and classic cooling structure

在近四十年工作中众多学者为了解气膜冷却的机理与提升冷却效果进行了多方面的研究,其中包括单一气膜孔、多气膜孔布置以及气膜孔几何参数的影响。Goldstein 研究了单气膜孔与多气膜孔不同布置方案以及侧向喷射对冷却效率的影响,并且提供了叶片上冷气缝冷却效率的分析方法。Eriksen 与 Goldstein 通过实验对冷气缝的气膜冷却效果进行了研究。文献[22]研究了孔的几何形状和吹风比对三维气膜冷却的影响,并指出扩展型气膜孔能显著提升冷却效率。Mayle 和 Kopper 研究了湍流边界层上,冷气缝喷射对绝热壁面冷却效率的影响。Petersen 等研究了不同密度下冷气对气膜冷却效率的影响。Ito 等测量了叶片上一排气膜孔的局部气膜冷却效果,相比于平面壁面,凹形曲面上较低的动量通量可达到更高的冷却效果,在凸形壁面上则相反。Gritsch 等通过实验测量了三种不同形式气膜冷却孔流量系数,结果显示扇形孔的单孔流量系数比圆柱孔高。Saumweber 和 Schulz 研究了不同列气膜孔之间相互作用对冷却效果的影响。Yuen 和 Martinez 在平板测试装置中对不同喷射角度的气膜孔进行了气膜冷却效果的对比。Lutum 等研究了长径比对冷却性能的影响,并且证明了在大长径比条件下,随长径比增加,冷却效率几乎不受影响,而随着长径比趋于零,冷却孔中流动未充分发展,导致总体冷却效率下降。Azzi 和 Jubran 对上述现象进行了进一步研究,发现短孔不利于冷气的横向扩散。Javadi 等提出了不同气膜孔的组合冷却,在主喷射孔偏下游位置布置两个较小喷孔,以达到它们用于气膜冷却的"三角喷射"方法,初步结果表明,相对于标准单孔冷却,新气膜孔的布置提高了气膜冷却效率,冷却效率的提升主要归功于由附着喷孔产生的反转涡对。Bernsdorf 等研究了不同吹风比、倾角、密度比和动量通量情况下气膜冷却的流动机理,结果表明,边界层随吹风比的增加变厚,出现了肾形涡结构。Kusterer 等专注于双喷孔冷气喷射的研究,评估了不同吹风比条件下交错孔的影响,相比于标准单孔气膜冷却,交错孔可以获得更好的冷却效果。

我国朱惠人等采用实验方法研究叶片前缘的气膜孔在不同主流雷诺数以及吹风比条件下的冷却换热状况。安柏涛等采用数值模拟研究气膜孔位置与喷射方向对冷却效果的影响等。雷云涛等采用数值模拟方法研究不同冷气吹风比对平板冷却效果的影响。向安定等研究动叶上气膜孔吹风比与流量系数之间的关系。文献[140]研究了气膜冷却中冷气覆盖面积受旋转的影响,研究表明,在旋转状态下冷气射流受到离心力和科氏力同时作用,转速较低时,压力侧的冷气主要受科氏力作用,流向叶根区域;转速较高时,压力侧的冷气受离心力影响较大,偏向叶顶区域。

1.5.2 冷气掺混对气动性能的影响

综上所述,气膜冷却是目前燃气轮机所采用的最重要的冷却方式之一。随着涡轮入口温度的提高,冷气量急剧增加,冷却效果改善的同时冷气与主流区域的燃气掺混造成了气动损失增大,在一定程度上限制了燃气轮机性能的提升,对于尾缘劈缝以及叶片端壁的冷气喷射也存在同样的问题。因此对于冷却结构的研究,在注重其传热效果的同时也应尽量降低冷气掺混对气动性能的影响,而近年来相对于气膜冷却机理的研究,冷气喷射对气动性能的研究较少。下面对研究冷气喷射与气动性能之间关系的文献进行简单总结。

Denton 探讨了叶轮机械内的流动损失机理,指出冷气喷射进入主流区域的位置及方式是影响掺混损失的主要因素。John 通过实验研究了气膜孔几何参数对气动损失的影响,结果表明吸力侧后部的冷气喷射角度对气动损失影响较大,而对于吸力侧和压力侧的前部区域,气动损失受冷气喷射角度影响不大。Prust 通过试验测量了吸力侧与压力侧不同位置处气膜孔冷气喷射对涡轮叶栅气动损失的影响,所得结果也基本验证了上述结论。Tabakoff 等也研究了叶片吸力侧与压力侧冷气喷射对涡轮效率的影响。Moses 等研究了压力侧气膜冷却对气动性能的影响。Yamamoto 等通过改变叶栅吸力侧、压力侧以及尾缘处冷却孔的位置与角度,对冷气掺混损失进行了研究。MacMartin 等通过实验研究了尾缘冷气喷射对气动损失的影响。Pappu 等通过研究尾缘冷气喷射对下游区域掺混损失造成的影响,提出了当喷射速比为 1 时损失较低的观点。Thulin 指出合理的尾缘喷气可以使部件效率提升约 1.1%。Sieverding 等通过实验对尾缘劈缝冷气喷射与底部压力的关系进行了研究。Kost 通过实验研究了具有不同尾缘厚度的叶栅气动损失受尾缘劈缝冷气喷射的影响。Michelassi 等通过数值模拟的方法研究了尾缘喷射对气动性能的影响。Kapteijn 等通过实验研究了全劈缝与半劈缝对根部压力以及对流动损失和气流折转角的影响。Deckers 通过实验研究尾缘喷气对气动性能的影响。Martini 等研究了跨声速涡轮尾缘喷气对气动损失的影响,初步解释了尾迹的掺混过程。Rajendran 等同样研究了全劈缝与半劈缝对底部压力的影响,证实了冷气量变化对超声速的工况影响比亚声速工况大。Day 等通过实验证实了尾迹状态和损失大小与喷射方式密切相关,冷气喷射会导致尾迹变宽。Herman 通过实验研究了平面叶栅中孔的大小以及孔的列数对气动性能的影响。Kline 等通过实验研究了冷却孔参数(直径、角度与位置)对气动损失的影响。Mee 等的实验结果证实了叶栅损失随着冷气量的增加而增大,同时为获取实验关联式提出了建议。Gunter 等通过实验证实,冷气量较小时,掺混主要集中于边界层内;冷气量较大时,冷气穿透边界层进入主流区域,掺混主要发生在主流区域。Gartshore 等研究了不同喷射角、不同流量条件下冷气密度对涡轮叶片气动性能的影响。Friedrichs 等通过实验对流场结构进行了研究,其中包括端壁附近二次流、不同吹风比条件下通道涡发展以及冷气喷射对压力场的影响。Peterson 对气膜孔的流场结构进行了研究。Hoda 等采用不同的湍流模型对气膜冷却进行了数值模拟。

我国学者也研究了冷气对涡轮气动效率的影响。朱惠人等对气冷涡轮中冷气损失计算方法进行了研究。陈浮等通过实验研究了冷气喷射对直叶片压力分布的影响。高丽敏等通过实验研究了不同尾缘喷射对气动性能的影响。曾文演等研究了尾缘冷气喷射导致气动损失的机理,采用实验研究了气膜孔冷气喷射对效率的影响。曾军对带有尾缘喷气的涡轮叶栅进行了系统的计算与实验研究。目前通过数值模拟展现冷气喷射对气动性能影响的技术已经较为成熟,但仍然存在一定误差,对于冷气喷射对流场结构以及对气动损失影响的机理研究仍较依赖实验,因此本书主要侧重总结采用实验手段研究冷气与涡轮气动性能关系的文献。

目前为止,对于气膜冷却的研究仍侧重于射流机理、冷却效果等方面,而关于冷气对气动效率影响的研究相对较少。冷气喷射后叶栅内流场变得较为复杂,目前仍然缺少能够准确预测的物理模型,能应用于超声以及跨声叶栅的工程实际结论更是缺乏,这是制约我国高性能发动机研制的重要因素。

1.6　优化技术及其在涡轮气动设计中的应用

优化技术是一种以数学为基础,用于求解各种工程问题优化解的应用技术,其作为一个重要的科学分支一直受到广泛的重视。它可以帮助实现生产过程的最优化,对提高生产效率和效益、节省资源具有重要作用。对于叶轮机械气动设计而言,优化技术和物理计算模型相结合形成的自动化设计过程,用数学过程代替设计人员经验,控制设计参数修改方向,有利于全面准确地分析问题得到更严密准确的答案,这种自动化的过程可以使人力得以解放,去完成一些更具创造性、更让人兴奋的事情,同时有助于积累大量数值实验数据,通过数据分析更进一步发掘设计原则和理论。

优化技术在叶轮机械设计中的应用方式极为多样,以下主要介绍可用于叶片机优化设计的优化算法、试验设计方法、近似建模方法以及优化技术在叶轮机械设计中的应用。

1.6.1　优化算法

优化算法有很多种,其分类方式因为标准不同而不同,大体上可分为数值型优化算法、全局优化算法及多目标优化算法。数值型优化算法的特点是效率高、有可靠的数学基础、容易收敛,但容易陷入局部最优。相对而言,全局优化算法具有跳跃性搜寻规则,它能够通过适当规则跳出局部从而找到全局最优,但普遍效率不高。本节主要介绍模拟退火算法、多岛遗传算法、简约下降梯度算法。

1.6.1.1　模拟退火算法

模拟退火法(Simulated Annealing,SA)最早是在 1953 年由 Metropolis 等提出的,算法的提出主要是为了解决参数日益复杂的组合优化问题,比如著名的旅行商问题,这些问题具有 NP 复杂性。1983 年 Kirkpatrick 等将 SA 用于组合优化,取得很好的效果。根据模拟退火法的名称可以推知该算法的出发点是基于物理中固体物质的退火过程和一般组合优化的相似性,是基于 Mento Carlo 迭代求解策略的一种随机寻优算法。模拟退火算法有两个重要的特点,即模拟物理退火过程和 Metropolis 准则。

自适应模拟退火算法(Adaptive Simulated Annealing,ASA)是模拟退火算法的一个改进,它可以根据优化过程自动调整控制温度变化和随机准则的算法参数,使优化更有效,并且相对 SA 来说,算法对初始值设定的依赖性大大减小。

1.6.1.2　多岛遗传算法

多岛遗传算法是一种更为宏观意义下的仿生算法,它模仿的机制是生命产生与进化过程。它采用简单的编码技术来表示各种复杂的结构,并通过对一组编码进行简单的遗传操作和优胜劣汰的自然选择来指导学习和确定搜索方向。由于采用种群的方式组织搜索,使得它可以同时搜索解空间内的多个区域,而且用种群组织搜索的方式使遗传算法特别适合于大规模并行。在赋予遗传算法自组织、自适应、自学习等特征的同时,优胜劣汰的自然选择和简单的遗传操作使遗传算法具有不受其搜索空间限制性条件(如可微、连续、单峰等)的约束及不需要其他辅助信息(如导数)的特点。这些崭新的特点使遗传算法不仅能获得较高的效率而且具有简单、易于操作和通用的特性。

遗传算法的产生归功于 Holland 在 20 世纪 60 年代末、70 年代初的开创性工作,其本意在于人工适应系统中涉及的一种基于自然演化原理搜索机制。大约在同一时间,Foegl 等和 Rechenberg 等及 Schwefel 引入了另两种基于自然演化原理的算法:演化程序(Evolution Programming)和演化策略(Evolution Strategies)。这三种算法构成了目前演化计算(Evolutionary Computation)领域的三大分支,它们从不同层次、不同角度模拟自然演化原理,以达到求解问题的目的。Holland 不仅设计了遗传算法的模型和操作原理,更重要的是他运用统计决策理论对遗传算法的搜索机理进行了理论分析,为遗传算法的发展奠定了理论基础。将遗传算法用于函数优化始于 Jong,他设计了一系列遗传算法的执行策略和性能评价指标,对遗传算法性能做了大量的分析。Jong 的联机(On-line)和脱机(Off-line)指标仍是目前衡量遗传算法性能的主要手段,而他精心挑选的 5 个实验函数(称为 De Jong's five test functions)也是目前遗传算法数值实验中用得最多的实验函数。自 20 世纪 80 年代中期开始,世界上许多国家都掀起了关于遗传算法优化及其工程应用的研究热潮。遗传算法被认为将与混沌理论和分形几何一起,成为人们研究非线性现象和复杂系统的三大方法,与神经网络一起成为人们研究认知过程的重要工具。

多岛遗传算法(Multi-island GA,MIGA)是简单遗传算法的一种改进。它将生物种群分放在多个岛上,每个岛上种群进化,周期性地在岛之间交换部分个体,通过这种操作方式可以生成更多样的解,提高全局搜索的能力,同时有利于提高收敛性。

1.6.1.3　简约下降梯度算法

简约下降梯度(LSGRG2)是传统梯度法的一个改进,它具有以下几个特点:①有效用于非线性解空间;②对非连续解空间的解决能力较弱;③对初始值依赖性较强,能很好地发现初始值附近的最优点,其精度和效率都很高;④可以根据约束条件改进优化解;⑤可以处理不等式和等式约束条件。

1.6.2　试验设计方法

试验设计(Design of Experiment,DOE)是以概率论、数理统计和线性代数等为理论基础,科学地安排试验方案,正确地分析试验结果尽快获得优化方案的一种数学方法。试验设计的目的是为了获得更多设计空间的信息(设计变量是如何影响目标变量/约束的),根据结果分析一方面可以去掉大量设计变量,确定最有影响力的设计变量,并用于优化;另外同时获得了结构化的数据,以便建立响应面等近似模型,还可以得到优化设计的粗略估计。试验设计的方法多种多样,如全面试验、多次单参数试验、伪蒙特卡罗试验设计、拉丁方试验设计以及正交设计等。所有的试验方法在本质上就是在试验的范围内给出挑选代表点的方法。在试验设计过程中,均匀性原则是试验设计的重要原则之一。在试验的方案设计中,使试验点按一定规律充分均匀地分布在试验区域内,每个试验点都具有一定的代表性,则称该方案具有均匀性。

试验设计中的关键术语为:因子(Factors),试验中改变的输入设计参数;水平(Level),因子的指定设置,如输入参数的值;设计矩阵(Design Matrix),一系列有多个水平的因子表示的"试验";响应(Response),相关联的输出设计参数,它是衡量设计性能的指标;控制因子(Control Factors),可以人为确定的因子(几何尺寸等);噪声因子(Noise Factors),在产品生命周期中不能保证是常数的参数。

1.6.2.1　正交试验设计

正交试验设计(Orthogonal Experimental Design)是根据正交性原则来挑选代表点,选择的代表点能反映试验范围内各参数和试验指标间的关系,这些有代表性的点具备"均匀分散,整齐可比"的特点,是一种高效率、快速、经济的试验设计方法。日本著名的统计学家田口玄一将正交试验选择的水平组合列成表格,称为正交表。例如做一个三因素三水平的试验,按全面试验要求,须进行 $3^2 = 27$ 种组合的试验,且尚未考虑每一组合的重复数。若按 L9(3)^3 正交表安排试验,只需要进行 9 次试验,按 L18(3)^7 正交表安排实验,需要进行 18 次试验,显然大大减少了工作量。因此正交试验设计在很多领域的研究中得到广泛应用。

1.6.2.2　拉丁超立方抽样试验设计

拉丁超立方抽样(Latin Hypercube Sampling,LHS)是一种多维分层抽样方式,它最早由 Mckay 等于 1979 年提出,1981 年 Iman 等做了进一步工作。在统计学里,用从 1 开始的 n 个连续正整数排成 n 行 n 列的方阵,如果每行和每列都没有重复的数,就成为一个 n 阶拉丁方。拉丁超立方在拉丁方概念上向任意维度拓展。拉丁超立方抽样在设计空间有以下特点:①设计空间均匀采样(每个因子都有 n 个水平);②随机组合水平,指定 n 个点,可以使布点水平数更大。拉丁超立方抽样不需要因为参数的增多而选取更多样本,这是它的一个主要特点。

1.6.2.3　试验设计后处理

根据试验设计结果可以进行方差分析,通过绘制 Pareto 图、主效应图、交互效应图等图形,均能很明显地看出每个因子(变量)对结果的影响以及因子之间的相互影响,通过 Pareto 图可以得出哪些因子对结果的影响更为重要,从而可以选取重要影响因子而舍弃部分不重要影响因子,以便在后续的优化中减少设计变量、降低优化复杂度,缩短优化时间。

Pareto 图基于 Pareto 法则,此法则是由意大利经济学家帕累托提出的。该法则认为:原因和结果、投入和产出、努力和报酬之间本来存在无法解释的不平衡。通常,多数,它们只能造成少许的影响;少数,它们造成主要、重大的影响。通过绘制 Pareto 图可以很直观地看出哪些参数对设计目标起主要影响作用,这样可以"找出那些关键的 20%,以达到 80% 的好处"。

1.6.3 近似建模方法

对于叶轮机械优化设计,其最重要的难点在于计算时间复杂度很大,尤其是叶轮机械三维计算。计算能力的提高是一个很好的解决途径,另外一个途径就是简化计算模型。简化模型除了通过特定假设对计算模型从物理意义上进行简化外,近似建模是一个非常好的简化方法。根据实际试验或者试验设计以及初步优化得到的数据,用适当近似模型来进行模型拟合,将所得模型应用于计算中代替原计算模型,这就是近似建模方法。近似模型的主要目的和作用是建立设计量与响应量之间的近似关系,以减少数值模拟的次数,同时可以平滑设计空间的数值噪声,并能快速地估计最优设计点。

1.6.3.1 响应面模型

响应面模型(Response Surface Model,RSM)的函数是一个多项式,其二阶模型的基本方程为

$$F(X) = a_0 + \sum_{i=1}^{N} b_i x_i + \sum_{i=1}^{N} c_i x_i^2 + \sum_{ij(i<j)} c_{ij} x_i x_j \qquad (1.1)$$

式中　　N—— 变量数量;

　　　　X—— 模型的输入变量集合,$X = x_i$;

　　　　a、b、c—— 线性方程组的多项式系数。

求得这些系数,则需要足够多的样本计算结果,然后应用最小二乘法进行拟合。

1.6.3.2 Kriging 模型

Kriging 模型,用矿业上的术语来说,就是根据一个块段(或盘区)内外的若干信息样品的某种特征数据,对该块段(盘区)同类特征的未知数据做一种线性无偏、最小方差估计的方法;从数学角度抽象地说,它是一种求最优、线性、无偏内插估计量的方法。如果更具体些说,Kriging 模型是在考虑了信息样品的形状、大小及其与待估块段相互之间的空间分布位置等几何特征,以及变量(如矿石品位、煤层厚度)的空间结构信息后,为了达到线性、无偏和最小方差的估计,而对每个样品值分别赋予一定的权系数,最后使用加权平均法来对待估块段(或盘区)的未知量进行估计的方法。也可以说,Kriging 模型是一种特定的滑动加权平均法。

该模型最早由南非地质学者 Krige 于 1951 年提出,后来经过杜德文、Giunta 的研究,使 Kriging 模型越来越多应用于多学科优化。除了全局估计外,在变异函数的作用下,Kriging 模型具有局部估计的特点,这使其在解决非线性程度较高的问题时比较容易取得理想的拟合效果。该拟合函数为

$$Y(x) = f(x) + Z(x) \qquad (1.2)$$

式中　　$f(x)$——"全局"估计设计空间的常数项;

　　　　$Z(x)$—— 随机过程的结果,确定局部偏差。

在建模过程中,模型通过随机采样确定局部偏差,并做修正。局部偏差是通过相关矩

阵——Gaussian 相关函数计算出来的。这种修正使得最终的 $Y(x)$ 通过每个抽样点。

1.6.3.3　人工神经网络

人工神经网络（Artificial Neural Network，ANN）是在对人脑组织结构和运行机制的认识理解基础之上模拟其结构和智能行为的一种工程系统。神经网络的研究至今已有近 60 年的历史，其发展道路曲折，目前已得到较深入而广泛的研究与应用。早在 20 世纪 40 年代初期，心理学家 McCulloch 和数学家 Pitts 就提出了人工神经网络的第一个数学模型，从此开创了神经科学理论的研究时代。其后，Rosenblatt、Widrow 和 Hopfield 等学者又先后提出了感知模型，使人工神经网络技术得以蓬勃发展。神经网络由于其大规模并行处理、容错性、自组织和自适应能力以及联想功能强的特点，已成为解决很多问题的有力工具，对突破现有科学技术的瓶颈、更深入探讨非线性等复杂问题起到了重大作用，并广泛应用于许多工程领域。

人工神经网络首先要以一定的学习准则进行学习，然后才能工作。现以人工神经网络对手写"A""B"两个字母的识别为例进行说明，规定当"A"输入网络时，应该输出"1"，而当输入为"B"时，输出为"0"。所以网络学习的准则应该是：如果网络做出错误的判断，则通过网络的学习，应使网络减少下次犯同样错误的可能性。首先，给网络的各连接权值赋予（0，1）区间内的随机值，将"A"所对应的图像模式输入给网络，网络将输入模式加权求和，与门限比较，再进行非线性运算，得到网络的输出。在此情况下，网络输出为"1"和"0"的概率各为 50%，也就是说是完全随机的。这时如果输出为"1"（结果正确），则使连接权值增大，以便使网络再次遇到"A"模式输入时，仍然能做出正确的判断。如果输出为"0"（即结果错误），则把网络连接权值朝着减小综合输入加权值的方向调整，其目的在于使网络下次再遇到"A"模式输入时，减小犯同样错误的可能性。如此操作调整，当给网络轮番输入若干个手写字母"A""B"后，经过网络按以上学习准则进行若干次学习后，网络判断的正确率将大大提高。这说明网络对这两个模式的学习已经获得了成功，它已将这两个模式分布地记忆在网络的各个连接权值上。当网络再次遇到其中任何一个模式时，能够做出迅速、准确的判断和识别。

人工神经网络是由大量的神经元广泛互连而成的系统，它的这一结构特点决定着人工神经网络具有高速信息处理的能力。一般说来，网络中所含的神经元个数越多，则它能记忆、识别的模式也就越多。

人工神经网络的知识存储容量很大。在人工神经网络中，知识与信息的存储表现为神经元之间分布式的物理联系。它们分散地表示和存储于整个网络内的各神经元及其连线上。每个神经元及其连线只表示一部分信息，而不是一个完整具体概念。只有通过各神经元的分布式综合效果才能表达出特定的概念和知识。

由于人工神经网络中神经元个数众多以及整个网络存储信息容量的巨大，使它具有很强的不确定性信息处理能力。即使输入信息不完全、不准确或模糊不清，神经网络仍然能够联想思维存在于记忆中的事物的完整图像。只要输入的模式接近于训练样本，系统就能给出正确的推理结论。

正是因为人工神经网络的结构特点和其信息存储的分布式特点,使它相对于其他的判断识别系统,如专家系统等,具有另一个显著的优点——健壮性。生物神经网络不会因为个别神经元的损失而失去对原有模式的记忆。最有力的证明是,当一个人的大脑因意外事故受轻微损伤之后,并不会失去原有事物的全部记忆。人工神经网络也有类似的情况。因某些原因,无论是网络的硬件实现还是软件实现中的某个或某些神经元的失效,整个网络仍然能继续工作。

人工神经网络同现行的计算机不同,其是一种非线性的处理单元。只有当神经元对所有的输入信号的综合处理结果超过某一门限值后才输出一个信号,因此人工神经网络是一种具有高度非线性的超大规模连续时间动力学系统。它突破了传统的以线性处理为基础的数字电子计算机的局限,标志着人们智能信息处理能力和模拟人脑智能行为能力的一大飞跃。

1.6.4　优化技术在叶轮机械设计中的应用

早期限于计算能力,主要是基于梯度的一些算法、优选方法以及多约束极值问题的纯数学求解方法得以应用于叶轮机械优化设计,这些应用都基于简化的物理模型,我国主要代表人物有刘高联、邹滋祥等。近年来,由于计算能力的极大提高,各种优化算法及优化理论也得到了很大发展,人们大量采用优化设计来提高叶轮机械的性能,以下主要回顾近些年来采用优化设计来提高涡轮性能的研究。

Pierret 等在使用 N—S 方程求解器设计二维叶型时采用人工神经网络拟合,二维涡轮叶型的参数化采用贝塞尔曲线,优化搜寻通过模拟退火(SA)方法。Dennis 等展示了在二维叶栅中如何采用遗传算法和顺序二次规划最小化总压损失。Vascellari 等重新设计了一个跨声速涡轮级,先重新设计静叶,再重新设计了两个动叶叶型,优化设计联合使用遗传算法和人工神经网络进行二维截面设计,叶片由贝塞尔曲线参数化,二维定常 N—S 方程求解计算,然后采用准三维欧拉(Euler)非定常求解器进行计算和分析以研究激波干涉,比较非定常力。

Goel 等展示了用准三维无黏 CFD 求解器通过同时优化叶片的多个二维截面来进行准三维优化。Talya 等采用多目标优化程序,在考虑了内部冷却和气膜冷却的影响下设计涡轮二维叶型。Buche 等描述了阿尔斯通公司长期采用的优化程序。Sonoda 等做了关于二维跨声涡轮叶片多点优化减少激波损失的研究。

Pierret 发展了他的二维人工神经网络优化方法用以设计三维叶片,此方法中增加了积迭线的参数化,参数化采用贝塞尔曲线,并且采用三维雷诺平均 N—S 方程求解。Shahpar 展示了一个叶轮机械叶片三维设计新方法。优化过程由商业软件 ISIGHT 执行。Egarther 提出了一种采用降阶的逐次序列规划方法(PRSQP)对燃气涡轮和压气机进行了多工况点优化的方法。Shahpar 详细介绍了罗罗公司开发的 FAITH 优化设计系统,并对所采用的各类优化算法进行了系统的评述。Papila 等采用具有全局寻优能力的响应面方法与神经网络拟合对两级涡轮的导叶进行了优化设计。Oyama 等利用具有自适应搜索能力的实数型遗传算法结合 N-S 方程求解技术进行了轴流叶轮机械叶片的设计优化,设计目标是熵损失最小,设计结果得到了很好的验证。Kammerer 等对某一级半涡轮进行三维优化设计,在优化过程中通过数值求解灵敏度方程(Sensitivity Equation)得到设计敏感性,数值求解采用 N-S 方程求解器 ITSM3D,参数化采用 B 样条。Burguburu 等分别对二维和三维叶栅采用 Q3D 与 3D 方法进行优化设计,二维叶型采用贝塞尔曲线,三维叶片采用贝塞尔曲面控制,并且分别采用了梯度法和遗传算法进行对比,验证了其采用的梯度法的高效性。Demeulenaere 等采用 Numeca 软件对涡轮动叶和压气机动叶进行优化设计,优化联合采用遗传算法、神经网络进行多目标优化设计。Arnone 等采用 CFD 分析和优化技术对一个三维高升力涡轮叶栅进行重新设计。叶型几何参数化采用贝塞尔曲线进行全三维处理。Moroz 等讨论了多目标三维优化的问题。Hasenjager 等采用 ES 优化方法对超低展弦比跨声速涡轮静叶进行优化设计,目的是找到新的气动设计理念来减少二次流动。

近年来,国内科研院所在叶轮机械三维优化设计的研究方面也做了大量工作,其中以西安交通大学丰镇平等和清华大学袁新等为代表。

西安交通大学多年来以研究遗传算法为主,结合工程实际逐步发展出一套有特色且较为完备的三维优化设计体系,从已经发表的文献看来,该三维优化系统具备叶片成型及叶片型线修正能力、遗传和进化算法为主的优化算法模块、流场计算模块、多目标以及简单多学科校核的能力,辅助并行技术应用,可实现多种工程应用。

袁新等人借助 Isight 优化平台结合自编叶片成型程序、流场计算程序和 Numeca 商业程序搭建一套自动三维气动优化设计平台。并行的自编流场计算程序可以帮助节省时间,同时通过 Isight 利用多种优化方法组合的策略缩短优化周期,提高设计效果。

国内另外一些科研院所也做了很多工作,文献[134]叙述了多学科设计优化技术在航空发动机涡轮叶片设计中的应用研究,对涡轮叶片多学科设计优化方法进行设计的具体实施过程进行了介绍。文献[125]建立了一个涡轮叶片全三维一体化多学科设计优化系统,对某一叶片进行了涉及五学科的设计优化。该文献完成了全三维叶片的参数化建模,气动、结构、强度、振动及疲劳各学科的分析模拟,以及对气动、传热及结构三学科的解耦。同时用多学科设计优化软件 iSIGHT 对优化空间进行寻优,对一体化设计优化概念进行了实践。

第2章 分层气冷涡轮气动优化设计体系

叶轮机械设计过程中,设计体系的存在可以规范设计流程,使设计过程紧凑流畅,避免重复性工作,降低设计成本与设计周期,因此,众多企业、研究所在自身设计习惯和需求的基础上发展形成了各具特色的具有工程实用性的设计体系(或称之为各自的设计流程),在目前的计算能力下,均已将三维有黏流场计算分析作为最终的设计与核算手段。从总体上看,目前几乎所有的设计体系还是秉承了一维设计、准三维设计、三维设计与核算的总体思路,不同的是不同设计体系对于一些具体的设计方法存在一定的取舍问题,如在叶片造型阶段是否采用 S_1 正反问题进行求解,在 S_2 正问题设计之前是否采用 S_2 反问题进行计算等。设计体系的建立不应本着"贪多求全"的原则而将所有设计方法与软件均纳入设计体系之中,而应该根据目前计算能力以及对计算程序精度的把握和设计习惯综合设计手段与软件形成实用的体系。在实际应用过程中针对汽轮机、风扇、压气机、航空涡轮以及舰用涡轮等不同叶轮机械的设计特点,设计体系会在三维设计体系的基础上进行适当的调整以更好地满足设计需求。

在对目前三维设计体系的扩展方面,非定常设计与核算以及优化技术作为设计体系的一部分引入提升了设计体系的设计精度以及设计的效率,是设计体系发展的一个方向。

设计体系中,计算软件是各模块功能实现的基本单元,但设计体系并不是计算软件的简单堆砌,应以设计思想为主线将计算软件进行合理组织以达最佳设计效果,从该角度看,设计体系可以体现出企业或研究所的设计思想与设计能力。

2.1 体系内涵

针对三个层次的设计理论:基元叶片设计理论(包括简单径平衡)、两类相对流面理论和全三维(包括定常与非定常)气动设计理论,我们先后建立了气冷涡轮准三维与全三维气动设计体系,涡轮气动传统设计体系如图2.1所示。

作者最早在文献[81]中提出了三个 S_2 流面与一族 S_1 流面迭代求解与叶片三维成型的设计体系与流程,这一设计体系在当时是比较完备的。这一体系中考虑了冷气掺混的 S_2 流面正问题计算程序及三维高精度单列三维无黏求解程序。1993～2000 八年间作者在开发研制上述系统软件的基础上建立了一个更为完整的三维气冷涡轮设计体系,通过近几年的自编程序研制与 CFD 程序的引进;在 2000 年对气动设计体系进一步改进;在 2004 年编制了可进行冷气掺混计算的三维定常与非定常计算程序;2007 年研究的版本考虑了分层优化。在 2007 年研究的基础上进一步发展的 2008 年版本的设计体系如图 2.2

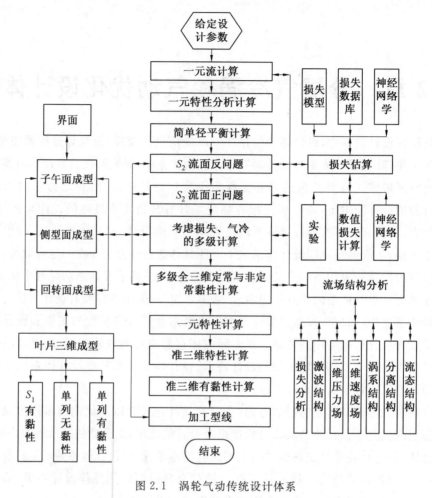

图 2.1　涡轮气动传统设计体系

Fig. 2.1　Traditional aerodynamic design system of turbine

所示。在这一体系中包括四个子体系:三维叶片成型子体系、级间匹配计算子体系、损失估算子体系和流场结构分析与优化子体系,其中以叶列与级间匹配为主子体系。在这一体系中考虑三维黏性流计算已经占据重要位置,特别是建立了气冷涡轮分层次优化设计体系,同时给出了一维优化、S_2 正问题优化、叶栅三维优化以及三维多级优化,另外,考虑冷气掺混的三维定常与非定常程序已比较成熟,并作为气冷涡轮气动预测得以实现。2008 年版本相对 2007 年版本有一些改动,2008 版本中,在流场结构分析与损失计算两个子体系有所改动,主体系也有一些变动,这些变动仅为一些修正和改进,但在三维叶片成型子体系中,去掉了基元叶片优化,改为叶栅三维优化,另外加上了必要时进行叶片栅气热耦合与气热弹耦合计算与优化,这是因为高温高压气冷涡轮温度附面层计算的重要性而引起的。

　　对于 2008 年版本,仅为一个气动设计体系,对不同问题,设计流程是不一样的,对同一个问题也可有不同的设计流程,气动设计体系仅给出软件的组合和联系,给出气动设计

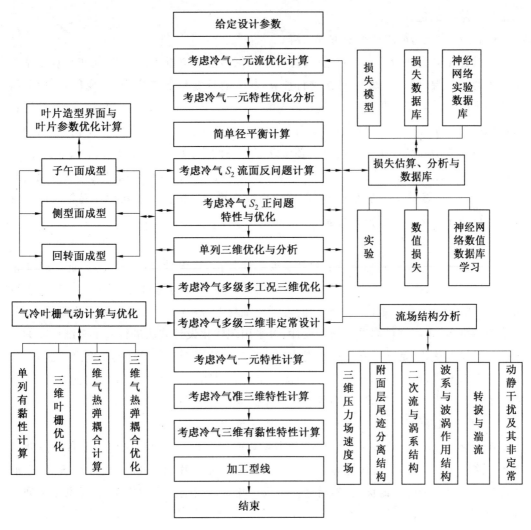

图 2.2　气冷涡轮分层气动优化设计体系框图

Figure 2.2　Multilevel aerodynamic optimization design system of turbines with coolant mixing

的总体思路和过程。

　　对于涡轮气动优化的研究,国内外的发展均很快,本书主要介绍设计体系在分层优化方面的发展。涡轮气动设计过程是比较复杂的,特别是三维设计体系的出现,虽然设计达到可预测的阶段,但设计体系与过程复杂了,设计人员与设计时间增加了。在三维设计体系中包括一维设计、准三维设计与三维设计,过去一维设计如果程序和设计数据完备,1～2 个月便可完成气动设计;应用一维与准三维要 3～5 个月;三维气动设计,一级至少需要 3 个月,2～3 级需要多人 6 个月完成,4～5 级的低压涡轮需要多人一年完成,这样对人力与时间的要求均较多。为解决这一问题,必须尽可能实现气动设计自动化优化,这不仅可以减少设计周期,还可以提高设计质量。实现气动设计自动化与优化的研究是一个比较复杂的课题。目前作者实现了分层优化设计方法,即对新设计涡轮实现一维、S_2 正问题、三维三个层次优化。

(1)一维优化与简单径平衡方程求解。

一维优化分为两阶段,初始根据设计要求采用传统的解析优化计算,初步计算基本参量。再通过非数值的全局优化算法进行计算,核心程序是编制考虑损失、变比热、冷气掺混的一维程序。对于优化模块,经过比较分析,本书主要采用模拟退火(SA),这种算法针对多约束的一维计算可以很好地解决问题。基本参数优化后,进行简单径平衡方程计算,初步给出参数沿叶高分布。在优化中必须设定各种约束,如流量、功率、叶高变化区间等限制值。采用这种方法,我们已进行了多个涡轮气动优化设计,一般通过优化均可提高效率1%～2%,当然对设计方案比较好的优化后效率提高有限。对于新设计涡轮采用一维优化计算涡轮基本参数是很有必要的。

(2)S_2 正问题优化。

三维优化计算在空间和实践上的复杂度都比较高,且设计过程需要考虑的问题非常多,如果没有一套很好的多级 S_2 计算结果作为全三维设计的初始值,很难在短时间内得出非常好的结果。在三维优化计算之前进行一维与 S_2 的优化是十分重要。文献[146]首先采用传统 S_2 正问题计算进行初步设计,再采用现代化设计方法进行基于三维计算的多级多目标局部优化,是准三维设计和现代优化设计方法联合进行设计的研究之一。

首先需要进行 S_2 优化计算,使三维优化更节省时间。同时在 S_2 正问题优化计算中,采用了考虑损失和冷气的 S_2 正问题计算程序。

(3)基于局部优化策略的涡轮单列与多级三维优化。

在分层优化中,进行一维优化解决基本参数的确定,S_2 正问题优化确定参数沿叶高分布。这一步工作后,据现代计算机的发展可去掉基元叶片的优化,首先根据 S_2 流面沿叶高参数进行单列叶栅的优化,然后进行多级优化。涡轮全三维优化问题,无论是单列还是多级,设计参数群非常多。对于几何参数,每一列叶栅至少有 5～9 个优化截面,每个截面叶型控制参数为 10～17 个,通流控制点需 3～30 个;物理参数如进口参数、转速、出口条件为 6～20 甚至更多,这样多级涡轮三维优化参数要 100～1 000 个甚至更多,优化计算需大量时间。到目前为止在工程上完成如此大量的计算是有困难的。因此应用优化方法进行设计首要的是提高优化计算效率,只有这样才能达到工程设计要求。基于局部优化策略的单列与多级三维优化是指针对具体优化问题选定特定的一个或几个设计变量进行优化,这种策略的执行基于对流场的分析。局部策略的单列与多级三维优化计算流程包括:多级三维优化计算前,完成 S_2 流面优化与单列三维叶片优化,然后根据多级三维分析结果,依次对各列叶栅进行多级环境下的局部优化。各列叶栅均进行优化后,第一轮局部优化设计结束,若达到设计目标,优化结束,否则,对第一轮结果进行三维分析,然后根据三维分析结果进行第二轮局部优化,如此循环,直到达到设计目标,当然也可以进行多局部并行优化。

（4）设计准则与优化设计之间的关系。

气动优化设计要达到完全自动化，目前是不可能的。在优化设计中优化变量的选择，优化变量范围的选择，甚至优化目标值的确定，具有一定的经验内涵。这样传统的气动设计准则在优化计算中仍是有用的，在优化计算中优化变量等的选择要考虑传统的气动设计准则，另外优化计算结果中所含的新的规则往往要超过传统的气动设计准则。因此优化计算也是发展气动设计准则的重要手段。

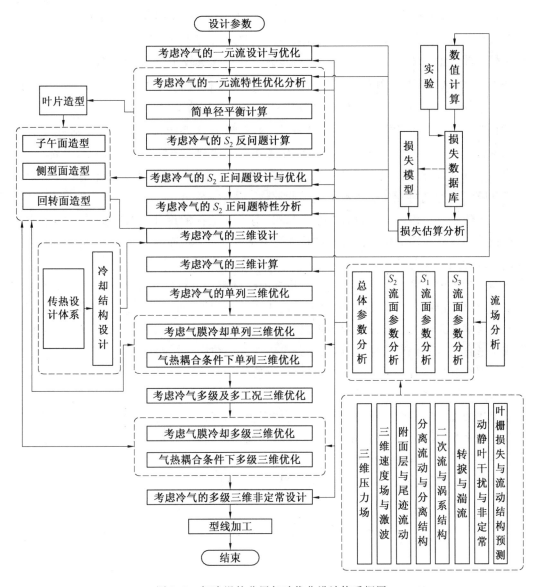

图 2.3　气冷涡轮分层气动优化设计体系框图

Fig. 2.3　Multilevel aerodynamic optimization design system of cooled turbine

从图 2.3 中可以看到，气冷涡轮分层气动优化设计体系中去掉了准三元设计的 S_1 正

反问题设计和 S_2 反问题设计的模块,仅保留了 S_2 正问题设计模块。这种简化基于以下考虑:在设计体系中三维设计与优化手段已经较为成熟,其计算速度已经不再成为限制设计的因素,而且三维计算的计算精度相对较高,在三维设计过程中针对工程分析和流场细节调整阶段均对叶型进行了调整,因此设计体系中用三维设计过程中的叶型调整替代了 S_1 正反问题设计模块; S_2 反问题的设计主要是确定参数沿叶高的分布,随着计算能力提升以及优化技术的发展,设计体系中 S_2 正问题设计与优化模块已经可以确定参数沿叶高的最佳分配,因此采用 S_2 正问题计算与优化模块替代了 S_2 反问题设计模块。

常规的气冷涡轮气动设计与优化部分,对叶片进行初步设计后进行无冷气的优化,在得到较好叶型的基础上,再添加冷气进行核算。在冷气量较小情况下,冷气与主流相互作用并不明显,这种优化设计的方法是可行的,但是随着冷气量的急剧增加,冷气与主流掺混,相互影响,整个流场流动特性和涡系结构均发生了显著变化,采用上述不考虑冷气进行优化的方式已经不能满足气动设计的精度要求,并且该方法无法考虑冷气对叶片的冷却效果。基于上述考虑,本书完成了体系中考虑气膜冷却的三维多目标优化设计部分,使气冷涡轮气动设计与优化的精度、实用性提高,并且在气动设计以及优化过程中可以给出气膜孔喷射的冷气对叶片初步冷却效果的评估。

在传统的气冷涡轮设计过程中,气动设计与冷却结构的设计是独立进行的。在叶片型线设计与优化阶段无法考虑冷却结构对气动效率的影响,而冷却结构的存在会使叶片表面的温度边界层与速度边界层发生改变,进而影响边界层内气体的黏性,最终对涡轮的效率与叶片的温度场产生影响。这就需要在型线确定后进行气热耦合计算以考核最终设计效果,这种分离的设计方法不可避免地造成工作的反复,并且难以达到最佳设计效果,因此气热耦合条件下优化设计成为提高叶片整体性能的必要手段。基于上述考虑,本书完成了平台中气热耦合优化部分,该部分可以在冷却结构形式确定的情况下,对冷却结构参数与型线参数进行多目标气热耦合优化,以使气动效率与叶片温度场达到最佳并且可以在很大程度上减少工作的反复。

上述两部分内容的完成使设计体系更加完善,尤其是针对气冷涡轮的优化设计部分,更改了原来"设计—无冷气优化—有冷气核算"的流程;由于在叶片表面采用真实气膜孔或采用气热耦合的方法进行优化,使得优化结果的可信度更高,对冷气流动模拟更加真实;应用完善后的设计体系可以在优化过程中初步考虑冷气对叶片的冷却效果。

2.2　一维优化设计

对于叶轮机械设计,气动设计师首先要进行满足总体参数要求的气动方案设计,其设计依据来源于发动机总体设计部门提出的对叶轮机械整体和部件的性能要求以及各种约束条件,其设计过程中需要确定包括叶轮机进口气流参数(燃气流量、总温、总压、气流速度、气流角等)、叶轮机结构参数(转子数目、各转子转速、各转子级数)、叶轮机总体性能参数(总输出有效功率、各级输出功率比例)、叶轮机整体几何形状(通道形状、叶片几何条件)以及一些约束条件(最大外径、最小绝对气流角、最大绝对气流马赫数)等。这些总体参数的合理选择是高负荷、高效率叶轮机设计的第一个重要环节,然后再在此选定的通道空间内有效地组织气体流动,使流动的损失最小,能量转换的效率最高。

在传统的设计过程中,这些参数的确定一方面由总体参数的要求和设计者的设计经验为参考依据而确定,另一方面就要进行必要的方案计算,从中选择较优方案,整个过程非常依赖于设计者的经验。后来,有些研究者开始研究一元流动的最佳设计问题,随着优化理论和计算机的发展,一维设计计算逐步和优化方法集合,形成一维优化设计。这种一维优化设计由于其流程自动化、良好的参数变化方向控制和完全、精确的设计结果等优点,逐步代替了传统的耗时且不一定最优的一维多方案传统设计计算方法。一维优化设计是分层优化设计过程中比较重要的一个环节。

分层优化设计体系中,一维优化设计的计算程序主要采用考虑冷气掺混、变比热和应用损失模型的完整涡轮一维多级计算。多级一维优化一般以各级功分配系数、平均直径、进出口气流角、反动度结合考虑转速、叶列相对节距等为设计优化变量,以末级动叶出口气流角、动叶应力和叶片重叠度等为约束,优化计算的目标为多级涡轮总效率最高。

一维优化设计的计算模型比较简单,单次计算时间非常少(秒级),可以考虑使用模拟退火算法或者遗传算法,然后对较优点采用基于梯度的算法 LSGRG2,通过这样的组合优化可以保证找到全局最优解,也可先采用第一类数学模型进行初步优化,然后以非简化、考虑气冷掺混和变比热的计算模型,选择基于梯度的优化算法进行优化。

2.2.1　目标函数与设计变量

涡轮一维气动优化中,通常取设计工况效率为目标。Deckers 提出涡轮一维优化设计采取数学模型的处理有两种方法:一种是在简化叶栅模型的前提下,采用级或级组的轮周效率与设计变量的解析式作为目标函数的表达式,数值优选和数学规划论方法大多针对这一类数学模型;另一类数学模型则全面考虑叶栅的各项损失,以叶栅实验资料为依据,将通过数值计算方法计算得到与众多的设计变量有关的级或级组的内效率作为优化目标。

本书中,一维优化设计的目标函数由基于上述第二类数学模型的变比热、考虑冷气掺混的涡轮一维气动计算与强度估算程序来代替。该程序根据进出口总体参数对涡轮进行多级全面热力分析,在计算过程中应用 АМДСКО、ЦИАМ、ВТИ 3 种损失模型对损失进行估算,可以进行 9 种冷却方式的冷气掺混计算,变比热计算可以适应多级热力参数温度的变化。本书所指的变比热计算是指在求解气动热力参数时,比热是随温度变化的函数。任意一个温度都有与其对应的热力参数,在气动参数计算时,函数关系只能采用积分关系来表达,因此计算精度高,但求解速度要慢些。对于一维、S_2 与三维计算,均可以采用这种计算方法。本书 S_2 正问题计算中的变比热并不是严格意义上的变比热。在数值计算中它做了这样的假设:在对每一时间层、每一控制单元体进行计算时比热值是不变的。之所以做这样的假设是因为在推导 S_2 方程或者 N－S 方程的特征矩阵时采用了定比热的假设。而对于完全气体的特征矩阵的形式会复杂得多,并且计算时间也会显著增加,而采用本书的计算方法在编程上要明显简化很多,计算速度也会显著提高,对于定常流场的数值模拟它的精度不会偏差很大。在一维优化设计计算中,计算程序比较简单,将不同冷却方式的冷却量与冷气参数,按质量守恒、动量守恒与能量守恒加入计算程序中。对涡轮功与效率计算均要考虑冷气的作用,其计算时也要考虑冷气掺混带来的损失。问题是,这一损失在大冷气量条件下,要引入冷气损失模型,本书对这方面的研究还有待深入。

对于在已有涡轮基础上改进和从零开始一维优化设计这两种情况,优化设计变量的选取有所不同。对于前者而言,通常是有目的地选择一个或多个参数作为设计变量,比如转速、叶片数、各级功分配、反动度、各级进出口气流角甚至总体参数如出口背压等,针对具体情况做分析之后进行选择。对于全新优化设计的情况,通常选择各级功分配、反动度、各级进出口气流角、相对节距等参数作为开始的优化设计变量,其后可根据需要添加或者更换设计变量。设计变量的选择对优化结果的好坏有很重要的影响,且设计变量的取值范围应该符合实际物理情况。

在本书后续内容中会涉及多个涡轮计算和优化,用到的主要符号如下:N 为转速;T_0^* 为导叶入口总温;T_{41}^* 为第一级动叶入口总温;p_0^* 为导叶入口总压;W 为涡轮入口总流量;p_2 为出口静压;p_2^* 为出口总压;T_2 为出口静温;π^* 为涡轮膨胀比;Δh 为级焓降;U 为动叶出口中径处圆周速度;k 为气体绝热指数;FC 为功率分配系数。FC 的定义为

$$FC = \frac{P_Z}{P_T} Z \tag{2.1}$$

式中,Z 为级数;P_Z 为单级涡轮功率。

η_t 为涡轮效率,定义为

$$\eta_t = \frac{P_T}{G_\Gamma H_\Gamma + \sum G_{B_i} H_{B_i}} \tag{2.2}$$

式中,P_T 为涡轮总功率;G_Γ 为涡轮入口燃气流量;G_{B_i} 为第 i 股冷却空气流量。下标 Γ 为主流燃气标志,下标 B 为冷却气体标志。其中

$$H_\Gamma = Cp_\Gamma T_{0,\Gamma}^* [1 - (p_2^* / p_{0,\Gamma}^*)^{(k_\Gamma - 1)/k_\Gamma}]$$

$$H_{B_i} = Cp_B T_{0,B_i}^* [1 - (p_2^* / p_{0,B_i}^*)^{(k_B - 1)/k_B}]$$

2.2.2　约束条件和损失模型

对于任何一个非纯数学的实际优化问题来说,要想优化结果能符合物理模型且各个参数具有正确的物理意义或者符合已知的物理规律,必须考虑具体实际问题的相关约束条件。对于涡轮优化的约束条件来说,Deckers 给出了很详细的总结,在其研究成果的基础上还要考虑强度、温度等方面的约束。本书的计算实例中考虑了几何条件和气动方面的一些约束,关于强度的约束主要采用文献[35]中的相关简化模型。

关于损失模型,Deckers 进行了相关总结,之后也出现了很多关于涡轮损失模型的讨论。本书采用了 3 种损失模型,其一为 Ainley 损失模型,其二为 ВТИ(苏联热工研究所的简称)建立的损失模型,其三为 ЦИАМ 建立的损失模型。这 3 种模型都是在大量实验基础上进行的,有一定的工程实用价值。在设计中由于设计对象不同,不同损失模型在计算

上也有一定差异，在计算中还需要调整，程序中也给出了相适应的调整系数。另外应建立损失分析系统，确定方案时应全面分析，给出损失分布，为此也给出相应数据文件以便应用。

2.2.3　优化方法及策略

优化方法与数学模型的繁简有关。本书中，因为计算模型相对复杂，故以选择全局性的智能优化算法为主，如有需要可辅助应用精化网格法结合上文中提到的简化模型进行初步优化设计。

在 ISIGHT 商业优化平台试用期间，选择了平台集成的各种算法对涡轮一维优化设计问题进行求解，经过比较分析，各种基于梯度的数值优化算法不具备全局最优点的搜寻能力，但对局部最优点的搜索非常高效。而多岛遗传算法（MIGA）和自适应模拟退火算法（ASA）对全局搜索的能力很强，且 ASA 也具备非常不错的局部搜索能力，能很好地解决多约束一维优化问题，但是相对 MIGA 消耗时间稍长。MIGA 全局搜索能力很强，但局部区域很难找到精确的最优点，且无法很好地解决多约束一维优化问题。因此本书主要采用两种优化方案：一种是直接利用 ASA 进行一维优化设计，因为在目前的计算能力下，一维计算速度非常快，单核 1.7 G 处理器完成 10 000 多步一维优化计算大约只需要 3～4 h，满足工程需求；另一种方案是采用 MIGA 结合使用简约下降梯度算法（LSGRG2），首先使用 MIGA 在样本空间中进行搜索，然后优选几组适应度较高的点，并在其周围应用 LSGRG2 进行搜索。相比较而言，第一种方案全自动化，给定设计变量取值范围之后无须人工干预就可以得到比较好的优化结果，尤其是在多约束情况下，结果比较好。第二种方案需要人工参与，但是可以选择多组方案进行综合考虑，从中选择最优。本书利用这两种方案对实际问题进行优化设计，取得了很好的效果。图 2.4 为一维优化设计流程图。

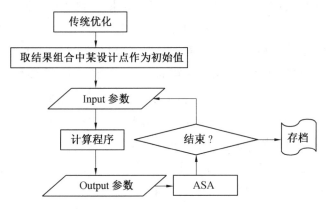

图 2.4　一维优化设计流程图

Fig. 2.4　Flow diagram of one dimension optimization design

2.3　S_2 正问题优化设计

自从吴仲华先生创立的叶轮机械三元流动理论广泛应用于叶轮机械的气动设计以来，S_1、S_2 两类流面的三元迭代求解方法有了很大进展。

在 MAODS 里 S_2 正问题优化计算采用考虑损失和冷气的 S_2 流面正问题计算程序，这一程序的主要功能是计算多转子、多级燃气涡轮 S_2 流面参数，分析 S_2 流面参数沿叶高分布是否合理及确定流量、功率、效率等总体参数。这一程序是经过多次燃气涡轮工程设计考核的工程实用程序。

叶型参数化主要采用非均匀有理 B 样条曲线和 11 参数法共同完成，关于叶型参数化具体内容，将在本书后续内容中详细介绍。这种参数化方法的优点在于优化过程中叶型变化可以明显地反映具体物理参数的变化，再配合样条曲线控制点变化实现不改变物理参数情况下的局部型线优化。这种过程不同于某些软件完全通过控制点变化来进行优化，使优化过程在物理意义层面不可控。

S_2 正问题优化计算是一个相对复杂的过程：首先其计算过程比较复杂，单个样本计算周期约为 2 min，所以优化算法的选择比较讲究；其次该模块必须结合叶片成型子系统、损失估算子系统。叶片成型子系统为 S_2 正问题优化计算提供设计变量，损失估算体系协助完成对涡轮性能预测（即目标函数值的计算）。在 S_2 正问题优化计算过程中，优化算法会根据每个样本计算出来的结果和设计变量变化方向重新给定样本，所以可忽略流场分析子体系，而由优化算法本身来替代，流程分析子体系可用于后处理分析。

针对具体问题可能约束条件有所变化，在初期基于气动设计的优化问题研究可以简单设定以下几方面约束：①几何形状合理；②流量约束、末级出口气流角等；③强度、温度、振动等多学科约束（通过简单的简化模型计算加以描述）。计算程序单个样本迭代 2 000 步计算需要时间为 2 min 左右，根据其周期情况，可以选择遗传算法、模拟退火和基于梯度的系列算法，但考虑到遗传算法对多约束问题的求解能力稍弱、模拟退火对原型优化太耗时和梯度算法的非全局性，作为尝试，本书采用了 Kriging 近似建模方法。

Kriging 法是数学地质中广泛使用的一种基于随机过程的统计预测法，可对区域化变量求最优、线性、无偏内插估计值，具有平滑效应及估计方差最小的统计特征，在线性地质统计学中占有重要地位。在变异函数的作用下，Kriging 方法具有局部估计的特点，这使其在解决非线性程度较高的问题时比较容易取得理想的拟合效果。

S_2 正问题优化计算流程是先利用遗传算法初步优化计算，并积累数据，在积累的数据基础上利用 Kriging 建模。选用模拟退火算法在模型上进行优化计算，优化计算过程中不断调整完善 Kriging 模型。最后以模型优化取得的最优值作为初始值对原型采用梯度算法优化计算以得到最终优化结果。具体流程如图 2.5 所示。

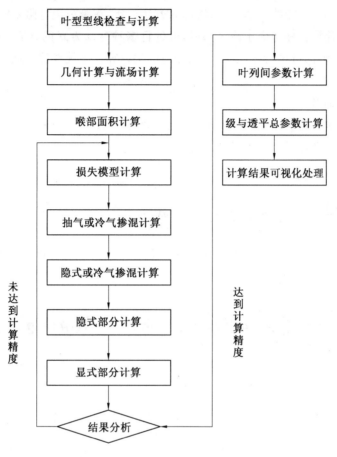

图 2.5　S_2 正问题计算程序流程图

Fig. 2.5　Flow diagram of S_2 direct problem computation program

2.3.1　S_2 流面计算

目标函数的选择对计算的数学模型的依赖性很高。以 S_2 流面正问题为主要计算程序的优化问题的目标通常为等熵效率,目标函数即为 S_2 正问题优化计算程序。

针对一些局部优化问题,优化目标和目标函数可能有所不同。优化过程中,S_2 正问题优化计算程序必须是可靠的工程设计程序。此处采用的 S_2 正问题优化计算程序由哈尔滨工业大学推进理论与技术研究所自主开发改进,该程序为多级 S_2 流面计算程序,主要功能是计算多转子、多级燃气涡轮与蒸汽透平 S_2 流面参数,分析 S_2 流面参数沿叶高分布是否合理与确定流量、功效率等总体参数。经过多次燃气涡轮与蒸汽透平工程设计考核,在涡轮气动设计中起着非常重要的作用。其数学模型采用了包括流面方程在内的 6 个主方程,在叶列间隙求解已经不使用等环量处理的近似计算方法,而是比较科学地考虑损失的方法,是真正黏性方程的简化,没有一般流线曲率方法与流函数方法产生的理想无黏方程与考虑损失的矛盾。计算程序采用三阶精度的 TVD 格式,不但可以捕捉激波,数值黏性也很小。与流线曲率方法、流函数方法相比,在跨声流量阻塞时没有计算稳定性的问题。另外计算程序考虑了冷气掺混,可进行多种冷却方式的计算,考虑变比热,另外采用正问题 S_2 流面可进行多工况、变工况的优化计算。冷气掺混是通过直接在方程中加源项来计算的。

(1) S_2 流面基本方程。

该方程为对叶轮机械考虑有质量源的非定常三维黏性流方程组,式中 ω 为转子旋转角速度。对于柱坐标系方程组可展开为

$$\frac{\partial \rho}{\partial t} + \nabla \cdot (\rho \boldsymbol{w}) = \dot{m}$$

$$\frac{\partial (\rho \boldsymbol{w})}{\partial t} + \nabla \cdot (\rho \boldsymbol{w}\boldsymbol{w} + Ip - \Pi') = \dot{m}\boldsymbol{V}_c - \rho \frac{\mathrm{d}\omega}{\mathrm{d}t}$$

$$\frac{\partial (\rho e)}{\partial t} + \nabla \cdot \left[(\rho e + p)\boldsymbol{w} - \Pi' \cdot \boldsymbol{w} - \lambda \nabla T \right] = \dot{m}H_c + r\rho\omega^2 w - r\rho w \frac{\mathrm{d}\omega}{\mathrm{d}t} \qquad (2.3)$$

$$e = \int C_V \mathrm{d}T + \frac{W^2}{2}$$

$$\frac{\partial}{\partial t}(r\boldsymbol{U}) + \frac{\partial}{\partial z}(r\boldsymbol{F}) + \frac{\partial}{\partial r}(r\boldsymbol{G}) + \frac{1}{r}\frac{\partial}{\partial \varphi}(r\boldsymbol{H}) = \boldsymbol{Q} \qquad (2.4)$$

式中

$$\boldsymbol{U} = \begin{bmatrix} \rho \\ \rho u \\ \rho v \\ \rho w \\ \rho e \end{bmatrix} \quad \boldsymbol{F} = \begin{bmatrix} \rho u \\ \rho u^2 + p \\ \rho u v \\ \rho u w \\ \rho \left(e + \dfrac{p}{\rho}\right)u \end{bmatrix} \quad \boldsymbol{G} = \begin{bmatrix} \rho v \\ \rho u v \\ \rho v^2 + p \\ \rho v w \\ \rho \left(e + \dfrac{p}{\rho}\right)v \end{bmatrix}$$

$$\boldsymbol{H} = \begin{bmatrix} \rho w \\ \rho u w \\ \rho v w \\ \rho w^2 + p \\ \rho \left(e + \dfrac{p}{\rho}\right)w \end{bmatrix} \quad \boldsymbol{Q} = \begin{bmatrix} \dot{m} \\ \dot{m}V_{cz} + f_z \\ \dot{m}V_{cr} + f_\varphi + p + \rho(w + \omega r)^2 \\ \dot{m}V_{c\varphi} + f_\varphi - \rho v(w + 2\omega r) - r^2 \rho \dfrac{\mathrm{d}\omega}{\mathrm{d}t} \\ \dot{m}H_c + \omega^2 r^2 \rho v - r^2 \rho w \dfrac{\mathrm{d}\omega}{\mathrm{d}t} + \varphi + N_f \end{bmatrix} \qquad (2.5)$$

使用周向平均方程:

$$\frac{\partial \bar{q}}{\partial z} = \frac{1}{\tau}\frac{\partial (\tau \bar{q})}{\partial z} - \frac{\Delta q}{\Delta \varphi}\frac{\partial \varphi_m}{\partial z} - \frac{1}{\tau}\frac{\partial \tau}{\partial z}\bar{q} \qquad (2.6)$$

$$\frac{\partial \bar{q}}{\partial r} = \frac{1}{\tau}\frac{\partial (\tau \bar{q})}{\partial r} - \frac{\Delta q}{\Delta \varphi}\frac{\partial \varphi_m}{\partial r} - \frac{1}{\tau}\frac{\partial \tau}{\partial r}\bar{q} \qquad (2.7)$$

则方程组(2.4)可写成:

$$\frac{\partial}{\partial t}(r\tau \bar{\boldsymbol{U}}) + \frac{\partial}{\partial z}(r\tau \bar{\boldsymbol{F}}) + \frac{\partial}{\partial r}(r\tau \bar{\boldsymbol{G}}) = \bar{\boldsymbol{Q}} \qquad (2.8)$$

式中,$\bar{U}$、$\bar{F}$、$\bar{G}$ 为平均量,其包含各项与式(2.5)中 U、F、G 内容相同,而

$$
\bar{Q} = \begin{bmatrix} \tau r\dot{m} \\ \tau r\dot{m}V_{cz} + \tau f_z + rp\dfrac{\partial \tau}{\partial z} \\ \tau r\dot{m}V_{cr} + \tau f_r + \tau p + rp\dfrac{\partial \tau}{\partial r} + \tau p\,(w+\omega r)^2 + r\tau\dfrac{\Delta p}{\Delta \varphi}\dfrac{\partial \varphi}{\partial r} \\ \tau r\dot{m}V_{\varphi} + \tau f_{\varphi} - \rho\tau v(w+\omega r) - \tau r^2\rho\dfrac{\mathrm{d}w}{\mathrm{d}t} \\ \tau r\dot{m}H_c + \tau\omega^2 r^2\rho v - \tau r^2\rho w\dfrac{\mathrm{d}w}{\mathrm{d}t} \end{bmatrix} \tag{2.9}
$$

流面方程为

$$
u\frac{r\partial\varphi}{\partial z} + v\frac{r\partial\varphi}{\partial r} - w = 0 \tag{2.10}
$$

在曲线坐标系中

$$
\begin{aligned} \xi &= \xi(z,r,\varphi) \\ \eta &= \eta(z,r,\varphi) \\ \zeta &= \zeta(z,r,\varphi) \end{aligned} \tag{2.11}
$$

则方程可写为

$$
\frac{\partial \tilde{U}}{\partial t} + \frac{\partial \tilde{F}}{\partial \xi} + \frac{\partial \tilde{G}}{\partial \eta} = \tilde{Q} \tag{2.12}
$$

式中

$$
\tilde{U} = \frac{\tau r\bar{U}}{J}, \quad \tilde{F} = \frac{\tau r}{J}(\bar{F}\xi_z + \bar{G}\xi_r), \quad \tilde{G} = \frac{\tau r}{J}(\bar{F}\eta_z + \bar{G}\eta_r)
$$

$$
\tilde{Q} = \frac{\bar{Q}}{J}, \quad J = \frac{\partial(\xi,\eta,\zeta)}{\partial(z,r,\varphi)} \tag{2.13}
$$

（2）差分格式。

方程(2.12)还可以写成如下格式:

$$
\frac{\partial \tilde{U}}{\partial t} + \tilde{A}\frac{\partial \tilde{U}}{\partial \xi} + \tilde{B}\frac{\partial \tilde{U}}{\partial \eta} = \tilde{Q} \tag{2.14}
$$

式中

$$
\tilde{A} = \frac{\partial \tilde{F}}{\partial \tilde{U}}, \quad \tilde{B} = \frac{\partial \tilde{G}}{\partial \tilde{U}} \tag{2.15}
$$

式(2.15)可构成以下隐式差分格式:

$$
\left(I + \theta\tau\frac{\partial \tilde{A}}{\partial \xi}\right)\left(I + \theta\tau\frac{\partial \tilde{B}}{\partial \eta}\right)\Delta U^{n+1} = (1-s)\tau\left(-\frac{\partial \tilde{F}}{\partial \xi} - \frac{\partial \tilde{G}}{\partial \eta} + \tilde{Q}\right) + s\Delta U^n \tag{2.16}
$$

式(2.16)中,当 $\theta=0$ 时为显式差分格式; $\theta-\dfrac{1}{2}-\dfrac{s}{2}\neq0$ 时为隐式时间一阶精度差分格式; $\theta-\dfrac{1}{2}-\dfrac{s}{2}=0$ 时为隐式时间二阶精度差分格式。以上为基本方程的一般差分变换,在求解时由于采用时间相关法,求解的精度最终取决于空间差分格式的精度。本书中所用的 S_2 正问题计算程序经过处理为高精度 TVD 格式,其格式最高精度为三阶,不但可以捕捉激波,数值黏性也很小。关于差分格式的进一步变换不是本书的重点,此处不再赘述,可参考相关资料。

(3) 损失模型及其修正。

损失模型是计算程序中评估各种损失的基本依据,其准确程度直接影响性能预测。损失模型是不同研究单位根据其实验结果结合数值修正得到的经验公式,这些经验公式基本上都是在特定假设或者针对特定类型的叶轮机械条件下得到的,因此其应用有一定范围。应用之前应该根据实际案例对损失模型进行一定的标定和修正,否则可能带来巨大误差。本书所用 S_2 正问题计算程序主要采用 АМДСКО、ЦИАМ、ВТИ 3 种损失模型。АМДСКО,ЦИАМ,ВТИ 3 种损失模型各有其特点及发展完善过程。АМДСКО 模型是欧美比较流行的损失模型,本书具体模型的公式来源于文献[33]。ВТИ 模型是基于对大量涡轮实验数据进行综合,并结合汽轮机的损失模型所提出的,该模型不仅提出了叶型损失、尾迹损失、激波损失、漏气损失和攻角损失等,还对常规直列叶栅在扇形条件下损失修正,并进行了相对节距和出口速度系数对损失系数的修正。ВТИ 模型所采用的数据是近代设计的涡轮整机或级的实验数据,反映了现代涡轮设计的实际水平,计算结果可信度比较高。ЦИАМ 的模型来自于 ЦИАМ 的科研报告 PTM161479,该报告详述了航空涡轮发动机气冷涡轮和非气冷涡轮损失的精确计算方法。ЦИАМ 模型是在二百多套叶栅实验数据的基础上提出的,经过了多个航空发动机设计的考查证明其具有很大的工程价值。

不同损失模型因为假设条件、修正条件与系数等的选取方式不同,对不同参数的敏感度有所差别,所以对同一优化问题采用不同损失模型来预测损失,会导致不同的优化结果。文献[96]应用的上述 S_2 正问题进行某涡轮优化设计,在设计变量、目标函数、约束条件和优化方法相同情况下,考虑损失模型对优化结果的影响。优化结果显示,虽然总体损失均下降,等熵效率有不同程度提高,但各参数沿叶高分布规律有很大差异。因此采用可靠准确的损失模型是 S_2 正问题优化计算的关键,同时要针对特定问题对损失模型进行修正。

考虑 ЦИАМ 损失模型实验数据比较丰富,实验数据中涉及的叶型类型广泛,本书针对特定问题选择 ЦИАМ 的 10 组有类似特征的叶栅实验数据进行对比,分别是 ЦИАМ 实验中的 1、3、33、48、50、95、120、139、144、176 号叶栅,这些叶栅的实验数据包括叶型损失随着出口速度系数变化的数据点,还给出了沿着叶高总损失的分布。

①原始 ЦИАМ 损失模型预测结果与实验结果对比。原型叶型损失模型系数选取表

见表2.1。

表 2.1　原始叶型损失模型系数选取表

Table 2.1　Coefficient table for original profile loss model

相对速度	叶栅类型	a_1	a_2
$\bar{\lambda}>1$	静叶	0.30	-0.015
	动叶	0.28	0.035
$\bar{\lambda}<1$	静叶/动叶	0.01	-0.010

应用本章上述 S_2 正问题计算程序及原始 ЦИАМ 损失模型,对 10 组叶栅在不同速度系数下的叶型损失及某一特定速度系数下的总损失沿叶高进行了计算,并与实验数据进行了对比。

从图 2.6 中可以看出,原始损失模型在预测叶型损失时,随着速度系数的变化损失变化较小,即使是在速度系数大于 1 的时候,实验数据也在明显地迅速升高,而损失模型对于这一现象却反应迟钝,可能是由于损失模型没有对临界马赫数进行很好的预测所致。在速度系数较小的情况下,各叶栅的预测情况对于实验值也有差距,主要是由于叶型损失计算不准所致。对于总损失沿叶高分布的预测,原始的损失模型是单纯通过一条光滑的曲线来进行总损失的分配,而实验结果表明在上下端壁的 20% 范围内由于二次流显著,总损失明显升高,而在叶展中间部分则较为平直,此处总损失主要由叶型损失构成。用原始损失模型对损失进行预测很明显误差是较大的。

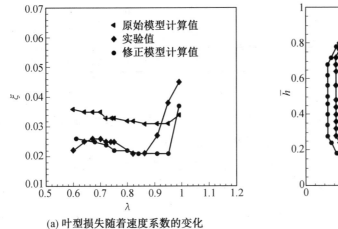

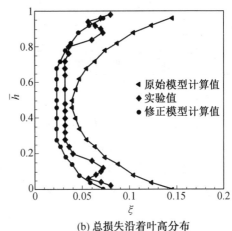

(a) 叶型损失随着速度系数的变化　　　　　　(b) 总损失沿着叶高分布

图 2.6　修正前后损失模型预测损失值与实验损失值对比

Fig. 2.6　Comparison of experimental loss value with prediction value by original loss model and revised loss model

②临界速度系数修正。

理论上来说,每个叶栅都有自己特定的临界马赫数 Ma_{cr},对应其临界速度系数 λ_{cr},速度系数小于 λ_{cr} 时,损失系数随着其增加而降低,速度系数等于 λ_{cr} 时达到最低值,而速度

系数大于 λ_{cr} 时,损失急剧增大。在原始的 ЦИАМ 模型中,没有对临界马赫数的定义。通过对 10 组叶栅实验数据中临界马赫数点的观测,确定其与几何转折角和后弯角相关,根据气动理论知识确定其关系式,关系式中的系数通过非线性最小二乘数据拟合得到临界速度系数的定义:

$$\lambda_{cr} = 0.712\ 2 - \frac{\theta \times 0.8}{500 - \theta} + \frac{\delta}{50} \tag{2.17}$$

式中　　θ——几何折转角,(°);

　　　　δ——后弯角,(°)。

这样,在 λ_{cr} 之前,仍采用原始的叶型损失:

$$\xi_p = \frac{3 \times 10^{-6}}{k} (120° - \theta)^2 + \frac{0.022}{k^3} \tag{2.18}$$

式中,k 为通道收敛度,在速度系数大于 λ_{cr} 而小于 1 的这段中,采用下列叶型损失:

$$\xi_p = \frac{3 \times 10^{-6}}{k} (120° - \theta)^2 + \frac{0.022}{k^3} + a_3 (\bar{\lambda} - \lambda_{cr})^2 + a_4 (\bar{\lambda} - \lambda_{cr}) \tag{2.19}$$

式中,a_3 和 a_4 的取值见表 2.2。

表 2.2　修正后叶型损失模型系数选取表

Table 2.2　Coefficient table for revised profile loss model

相对速度		叶栅类型	a_1	a_2	a_3	a_4
$\bar{\lambda} > \lambda_{cr}$	$\bar{\lambda} > 1$	静叶	0.60	−0.02	0.1	−0.01
		动叶	0.28	0.035	0.0	0.0
	$\bar{\lambda} < 1$	静叶	0.0	0.0	0.1	−0.01
		动叶	0.28	0.035	0.0	0.0
$\bar{\lambda} < \lambda_{cr}$		静叶 / 动叶	0.01	−0.01	0.0	0.0

③ 尾迹损失修正。

对于 1、3、95 号 3 个叶栅,其尾缘直径较小,而其他的尾缘直径都较大,而 1、3、95 号 3 个叶栅的叶型损失预测都偏大,其他叶栅的预测值都偏小,推知原始损失模型对于尾迹损失的响应不敏感,即对于小尾缘直径计算值较大,而对于大尾缘直径计算值又偏小。所以对于尾迹损失进行了修改。由原来的

$$\xi_{te} = 0.034 \bar{d}_2 + 0.38 \bar{d}_2^2 + 0.014\ 75 \tag{2.20}$$

改为

$$\xi_{te} = 0.06 \bar{d}_2 + 0.8 \bar{d}_2^2 \tag{2.21}$$

式中,d_2 为尾缘直径,$\bar{d}_2 = \dfrac{d_2}{o}$,mm,其中,$o$ 为喉部宽度,mm。

④ 马赫数修正。

在实验中可以看出,$\bar{\lambda} > 1$ 时损失值迅速上升,而损失模型却显得迟钝,所以进行修改

使损失模型对于马赫数大于1的情况更加敏感。

当气体流动速度超声速时,叶型损失系数增加值由原来的

$$\Delta \xi_\lambda = a_1 (\bar{\lambda} - 1)^2 + a_2 (\bar{\lambda} - 1) \tag{2.22}$$

改为

$$\Delta \xi_\lambda = a_1 (\bar{\lambda} - 1)^2 + a_2 (\bar{\lambda} - 1) + a_3 (\bar{\lambda} - \lambda_{cr})^2 + a_4 (\bar{\lambda} - \lambda_{cr}) \tag{2.23}$$

式中,$\bar{\lambda} = \lambda / \lambda_{opt}$,$\lambda_{opt}$ 为最佳值(对静叶取 0.85~0.9,动叶取 0.8~0.85);a_1、a_2、a_3、a_4 为系数(式(2.22)中系数选取参见表 2.1,式(2.23)中系数选取参见表 2.2)。

⑤ 二次流沿叶高分布。

实验测得的二次流损失曲线基本上以通道的平均半径为轴根、顶对称,在靠近端壁很薄的高度范围内二次流损失急剧加大。然而这种二次流分布在迭代计算中会遇到麻烦,因此通常将二次流损失分布做简化处理,将叶片沿叶高分为根部区、顶部区和中间区 3 部分,对于长叶片,叶身的中间区部分只有叶型损失,根部区和顶部区除了叶型损失外还有二次流损失;对于短叶片,整个叶高上除了叶型损失外均会大小不等地分布有二次流损失,甚至在叶片中部还会出现根、顶二次流损失叠加现象。因此对原二次流损失模型:

$$\xi_s = 2\xi_p \frac{t \sin \beta_2}{h_2} \tag{2.24}$$

添加随着叶高进行分配的准则:

$$\Delta \xi_s = \frac{\xi_s (1 - \bar{l})^8}{0.25} \tag{2.25}$$

式中,在叶根处 $\bar{l}$ 为相对叶高 $\bar{h}$,叶顶处 $\bar{l}$ 为 $(1 - \bar{h})$,将 $\Delta \xi_s$ 叠加到总损失中,用以计算二次流沿叶高对于总损失的影响。

⑥修正损失模型预测结果与实验结果对比。

图 2.6 给出了 95 号叶栅采用修改后的损失模型、原始模型和实验值的对比。从图2.6(a)中可以看出,修改后的损失模型对临界速度系数的预测比较明显,大部分叶栅的损失预测值更加接近实验值,在速度系数大于1的时候,预测值有明显的提高,与实验值较为吻合。在图 2.6(b)中,叶展中部更加平直,而上下端壁处由于二次流损失的加入使总损失有所增加,与实验值比较接近。综上所述,修改后的损失模型预测性能有了一定的提高。

为了评估修改后的损失模型与原始损失模型和实验值之间的差距,定义的损失模型的误差值如下:

$$误差值 = \frac{|预测值 - 实验值|}{实验值} \tag{2.26}$$

根据上述的评估方法,修正前后损失模型估算值与实验值误差见表 2.3。从表中可以看出,修改后的损失模型预测叶型损失误差从 37.56% 下降到了 22.59%,而总损失的

误差从 38.31％下降到了 30.95％。

表 2.3　修正前后损失模型估算值与实验值误差

Table 2.3　Error of original and revised ЦИАМ loss model relative to experimental data

序号	叶型损失误差		总损失误差	
	原始模型	修正模型	原始模型	修正模型
1	37.69％	27.76％	42.76％	34.97％
3	41.02％	13.62％	50.29％	29.80％
33	41.54％	11.61％	11.02％	17.43％
48	34.91％	31.73％	21.83％	13.85％
50	48.18％	54.09％	25.05％	23.75％
95	36.31％	13.21％	62.35％	23.67％
120	36.95％	20.90％	44.0％	44.51％
139	35.52％	27.96％	40.07％	47.99％
144	32.72％	15.41％	24.21％	16.62％
176	30.78％	9.56％	61.54％	56.89％
平均值	37.56％	22.59％	38.31％	30.95％

本书根据 ЦИАМ 实验数据对 ЦИАМ 损失模型做了一些符合工程应用的修正,除了上面列出来的一些模型之外,冲角损失、通过工作轮顶部的径向间隙漏气损失、级的轴向间隙损失等计算模型的准确性在 S_2 正问题计算中也非常重要,在后续的工作中将对这些模型做进一步修正。本书中修正模型的思路和方法具有一定的工程借鉴意义。

2.3.2　涡轮叶片成型

本书主要采用基准二维型面进行三维积迭,然后与上下流道回转面交叉截取生成三维叶片的方法。对于内部流动非常复杂的叶轮机械,这种方法生成的叶片与直接三维成型的叶片造成的流动效果不一定相同。但因为直接三维造型比较困难,且对于优化问题来讲,涉及过多优化参数,型面不易控制。因此在工程应用中,基本采用二维基准叶型的方法,计算结果也基本符合实际流动。

叶型参数化设计是叶轮机械设计及优化中的重要内容。其基本要求是用较少的设计参数确定出合理却有较大可变性的叶型。设计参数的数量往往和叶型可变性成正比,优化计算工作量和难度也随设计参数的增加而增大。这是优化问题中的一个难点,选择合理数量的设计参数对特定优化问题非常重要。

目前有很多种比较成熟的叶片成型方法,各自有不同的特点,但随着叶轮机械设计体系的发展以及诸如优化、冷却结构等技术和问题的不断加入,设计师们一直在寻找更好的叶片成型方法。Dunham 描述了用解析式定义中弧线和厚度分布规律的叶型成型方法,

Abbott 和 Doenhoff 描述了沿给定数值定义的中弧线进行厚度分布成型叶型的方法，Spiegel 描述了 Joukowski 变换方法，Enfeli、Zollinger 和 Allemann 给出了用单一多项式曲线描述的叶片形状，Meauze 描述了给定叶片表面速度分布的反问题成型方法。由于当时具体的处理手段限制，这些成型方法大多存在诸如参数太多、需要对曲线进行光滑处理或者几何参数比较难量化等问题。但就目前来看上述方法的某些设计思想得以保留，只是一些处理手段得到加强和改善，比如中弧线结合叶片厚度成型法，在本书后面压气机叶片成型中就会用到。对于涡轮而言，Pritchard 给出了用 11 个基本参数和三次多项式解析函数描述叶型的吸力面和压力面形状的轴流涡轮叶型的几何模型，该模型基本上适用于所有的涡轮动、静叶片的几何造型，可以很好地生成涡轮动、静叶片的根、中、顶部截面叶型。Pierret 给出一种用 4 条 Bezier 曲线连接 4 个关键点构造叶型的叶片造型几何模型，该模型能够对多数形式的叶片进行非常灵活的造型，且得到的速度分布是非常光滑的。

　　图 2.7 为 Pritchard 的 11 参数法叶片几何模型，本书主要采用这种模型，但曲线处理上有所不同。叶片曲线总体分为压力面、吸力面前段和吸力面后段这三段，每段曲线采用非均匀有理 B 样条曲线（NURBS）来描述。NURBS 对标准的解析曲线和自由曲线，提供了统一的数学表示，可通过控制点和权因子灵活调整，对插入节点、修改、分割、几何插值等的处理比较有力，对于叶片型线来讲，能很好拟合，保证曲线连续，具有保凸性和局部性。

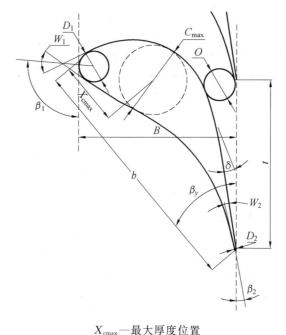

X_{cmax}—最大厚度位置

图 2.7　Pritchard 的 11 参数法叶片几何模型

Fig. 2.7　Blade geometry model with Prichard's 11-parametric method

11 参数包括叶片数 Z、叶型截面半径 R、前缘小圆直径 D_1、尾缘小圆直径 D_2、弦长 L（或轴向弦长 B）、安装角 β_y、前楔角 W_1、尾楔角 W_2、后弯角 δ、进口几何角 β_1 和出口几何角 β_2。这种参数化方法的好处在于优化过程中不会出现畸形叶片且各参数变化物理意义很清晰。叶片主要参数如进出口几何角度、轴向弦长、安装角等可以通过前面的一维和 S_2 正问题优化来确定。在单列三维优化设计中只需考虑型线优化和弯、扭、掠的积迭线优化，即回转面、子午型面和侧型面的匹配问题。

图 2.8 为 11 参数确定 B 样条控制点的过程示意图，首先通过几何参数确定关键控制点及该点的切线方向。关键控制点包括压力面，吸力面前缘、尾缘控制点以及喉部控制点，然后在切线上取各段的中间控制点。

在 S_2 正问题优化中主要考虑气动参数沿叶高分布问题，优化结果比较依赖于进出口几何角、安装角、轴向弦长等，对具体型线的依赖性不是很强。关于弯、掠控制问题，在 S_2 正问题优化中也未加考虑。第 5 章将更深入讨论叶片型线控制及三维成型问题。

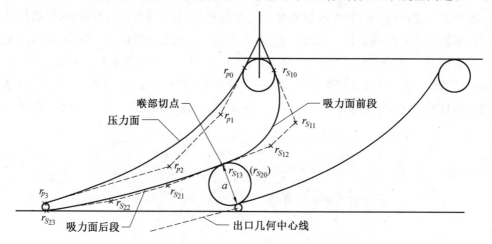

图 2.8　11 参数确定 B 样条控制点的过程示意图

Fig. 2.8　Process diagram for determining B-spline control points with 11 parameters

r_{p_0} — p 代表压力面，0（零）代表起始点（即第 0 个点）；S — 吸力面，压力面只有一条线，所以下标用 0，1，2，3 代表 4 个点，吸力面有两条线，所以下标用 10，11，12，13 和 20，21，22，23 表示

2.3.3　优化方法及策略

图 2.9 为 S_2 正问题优化设计流程，这也是对于计算周期较长问题进行优化的一种通用模式。即首先利用遗传算法或者实验设计初步优化计算，并积累数据，在积累的数据基础上绘制 Pareto 图，分析不同参数对目标函数值的影响情况以及参数之间的相互影响，然后优选主要参数，淘汰部分不重要参数，再进行 Kriging 建模。也可跳过优选参数过程直接进行 Kriging 建模。选用模拟退火算法在模型上进行优化计算，优化计算过程中不断调整完善 Kriging 模型。最后以模型优化取得的最优值作为初始值对原型采用梯度算法优化计算以得到最终优化结果。

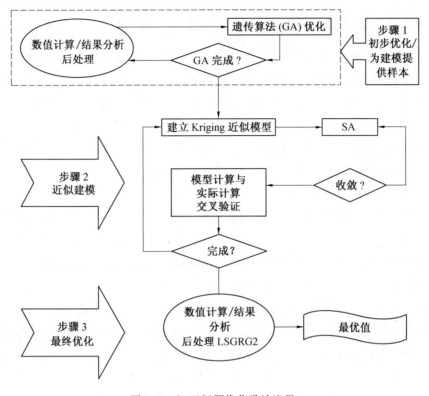

图 2.9　S_2 正问题优化设计流程

Fig. 2.9　Flow diagram of S_2 direct problem optimization design

　　对于约束条件不多或者约束要求不是很苛刻的情况,可以直接采用遗传算法进行优化,然后选择几组满足条件或者基本满足条件的较优参数,在其周围进行梯度优化方法的局部搜索,通常也可以得到很好的结果。

2.4　三维优化设计

　　如前所述,在经过一维总体参数优化设计和 S_2 正问题优化设计,流道、叶型以及各列的进出口气动参数都基本确定,这些参数作为三维优化设计的初始参数能帮助快速完成三维优化过程。单列三维优化设计主要任务包括保证在进出口气流角度基本不变的情况下完成基准截面型线优化,更进一步优化设计子午型面、回转型面和侧型面的匹配问题。

　　计算机硬件、CFD 技术及优化方法的快速发展,使具有自动化的、以 N－S 方程为主要模型进行流场分析的、通过迭代改进叶片基准型面和三维积迭线或者气动参数(如攻角变化的多工况问题)的集成叶轮机械优化设计系统逐渐成为趋势和主流。这种由优化模块为主线,串联叶片成型、N－S 方程求解器和后处理模块的优化系统能够摆脱设计者的经验束缚,采取适当的优化策略可以极快地完成设计过程,降低设计成本。

2.4.1　三维优化设计难点

优化系统搭建的难点在于几个方面。首先要具有有效合理的各模块计算程序:叶片、流道参数化造型程序,要求足够少参数实现足够设计空间;网格生成程序,要求网格生成程序能够不受叶片型线变化影响生成足够好质量的网格,且具备网格检查、微调整等能力;基于 N−S 方程的全三维 CFD 流场分析程序,要求计算精度足够且计算周期较短;优化程序包,要求包括遗传算法、模拟退火算法、神经网络/Kriging 建模、实验设计及梯度优化算法,各种优化算法的收敛性、鲁棒性以及参数调控的灵活程度都必须保证。其次,各模块计算程序不是分裂开的个体,而是流程化的无缝连接的计算线,因为计算过程经常会整合自主开发的、商业的各种程序,所以必须根据既有程序进行二次开发,包括代码重写和程序之间接口函数的编写,甚至包括计算程序在特定计算机系统中的环境配置等问题,这些接口性问题往往是流程化系统不能实现的主要原因。单列三维设计涉及的参数很多,计算周期较长。如何选择适当的参数作为优化设计变量以及通过怎样的策略快速完成三维设计是单列三维优化设计中的重要课题。基本思路是一方面通过优化方法减少设计变量数量,另一方面通过对流场分析寻找主要影响的设计参数。设计变量数量的减少,不但可以降低优化复杂度,而且可以减少流场分析次数,从而缩短设计周期。而缩短设计周期另一个重要途径就是选择适合的、高效的优化设计流程。

任何一个工程应用程序的开发和良好应用都是建立在对物理模型透彻认识的基础上,对于叶轮机械优化设计系统来说,每个模块程序输入输出部分都需要针对优化系统预留接口性部分,哪些参数输入,哪些参数输出,都必须根据整个系统以及可能遇到的主要叶轮机械优化设计问题进行统筹规划。而在应用时,选择哪些参数,选择何种优化策略等,也是在详细分析优化问题物理模型的基础上才能很好解决的。

本书中,三维单列优化设计平台包括自主开发的叶片和流道参数化造型程序、HIT3D 以及商业的 CFX 系列和 Numeca 流场分析程序、后处理程序以及 CFX 系列的二次开发程序、各模块程序间的接口程序。本系统具备整合其他不同商业程序的能力,比如 Gambit、Autogrid 等网格生成程序以及大部分可批处理方式调用的自由和商业程序。本章主要讨论该系统在涡轮单列三维优化设计中的应用。

2.4.2　叶型参数化

叶型参数化是叶轮机械优化设计中的重要部分之一,通常优化设计应该包括新设计和改型设计两种,前者是在给定总体参数情况下,自行选择各种气动参数、几何参数等;后者是在已有叶轮机械原型基础上针对具体问题进行改型优化设计。对于叶型参数化而言,前者需要根据选择的气动参数以及前面一维和 S_2 优化设计结果等条件确定叶片型线,本书介绍的 11 参数加 NURBS 叶片成型法主要针对这种情况下的涡轮叶片进行设计。后者需要首先对原型给定的曲线离散点进行分析,得到叶片进出口几何角、喉部点位置、最大厚度位置等重要特征量,然后通过适当参数化曲线进行拟合。涡轮叶片二维基准叶型成型方法已经详细介绍,因此本节首先介绍离散点型线的参数重现过程,再介绍叶片三维积迭方法。

(1) 离散点叶型参数化拟合。

本书采用 NURBS 曲线对原有叶型离散点进行参数化拟合,主要是因为 NURBS 具有通过少量的参数描述丰富叶型,不至于出现很大误差,且通过适当控制手段保证曲线连续等优点。在拟合过程中,借鉴叶型正问题成型过程,即将叶型曲线分段处理而不同于部分文献中用一整条曲线来描述,这种分段处理方式主要是为了突出控制参数的物理意义,以便在优化过程中明确知道实际物理模型层面的信息,而不是纯数学优化。另外对于整条的叶型 B 样条曲线,反问题解析法求解时得到的控制点位置可能较为混乱。

NURBS 相对于 Bezier 曲线的另一个重要特性是每个控制点有一个权重,既可以通过控制点位置来控制曲线形态,又可以通过改变控制点的权重实现局部形态控制。某个控制点权重越大,曲线越靠近这个控制点;当权重为 0 时,该控制点对曲线没有控制作用;当权重为 1 时,NURBS 曲线退化为 Bezier 曲线。

内、背弧以最大厚度圆切点处各分为两段,共 4 段 NURBS 曲线,每段曲线两端分别与前、尾缘弧线及最大内切圆相切。参数化过程中,通过控制最大厚度内切圆的位置、大小和切线的方向,可以实现对叶型的整体控制。前、尾缘单独处理,根据需要用圆弧或者椭圆弧来描述。该成型方法主要包括叶型在流道中的位置参数、基本形状参数、前尾缘参数、最大厚度相关参数以及各段曲线控制点相对位置参数和权重参数。

离散点叶片型线参数化求解过程大致如下:

① 将原有叶型离散点进行光顺处理,调整点间距。

② 根据离散点数据求前缘点位置、弦长、安装角,判断中弧线弯曲方向。

③ 根据前缘点位置、弦长、安装角,将叶型离散点比例变换、平移、旋转,使前缘点坐标变为 $(0,0)$,尾缘坐标变为 $(1,0)$。

④ 找到最大厚度点,用椭圆或者圆弧拟合前缘和尾缘数据,获取切线处切线方向,将离散点从切点处分为 4 段。

⑤ 用 3 阶 NURBS 曲线分别拟合 4 段离散点曲线,并求出离散点到拟合曲线的最大误差。

如果最大误差在可允许范围内,则拟合结束,否则重复曲线拟合。对单段曲线的拟合过程如下:

① 已知曲线两端点及端点处切线方向,根据曲线形态,给定中间两个控制点的相对位置 h_1、h_2,控制点标号从左向右依次为 0、1、2、3,两端点即 0、3 号点权重,给定为 1,控制点 1、2 初始权重为 1。

② 定义拟合时间及最大误差 d_{max} 精度为迭代完成控制量,定义 $d=0.8$ 以及 $k=0.5$ 为控制系数,给出 5 组权重,分别为

$$\begin{bmatrix} 1 & w_1 & w_2 & 1 \\ 1 & w_1 & (1+d) & w_2 \\ 1 & w_1 & (1-d) & w_2 \\ 1 & w_1 & w_2(1+d) & 1 \\ 1 & w_1 & w_2(1-d) & 1 \end{bmatrix}$$

③ 每组(行)权重对应一条曲线,即 5 条曲线,求出离散点到每条曲线的最短距离,记录其中的最大值,比较 5 个最大值,选取最大值最小的一组权重作为新的 d 值,将距离赋值给 d_{max}。

④ 判断新的权重值与上一次的权重值是否相等,如果相等,则 $d = kd$,否则进入下一步。

⑤ 判断 d_{max} 是否小于精度或者迭代求解时间是否超过既定最大时间,如是,则输出1、2 号控制点的权重及相对位置,否则继续第 ② 步进行循环迭代,直到满足迭代完成条件。

图 2.10 为某型涡轮高压导叶与动叶的参数化拟合结果。其中"+"表示原始离散点,"。"表示 NURBS 曲线控制点,细实线为参数化后的叶型曲线。可见,叶型参数化拟合方法可以较好地重现原始叶型,拟合误差小于弦长的 0.1%(依具体叶型而定),具有较高的精度,且该方法对叶型的描述比较合理,通过前后楔角、前后几何角度、最大厚度、弦长等物理参数的变化,结合 NURBS 控制点位置及权重等无量纲参数等的重新选择,整体和局部调整相结合,能在较大范围内实现叶型优化设计,且优化过程中可以很好地观测物理层面信息。

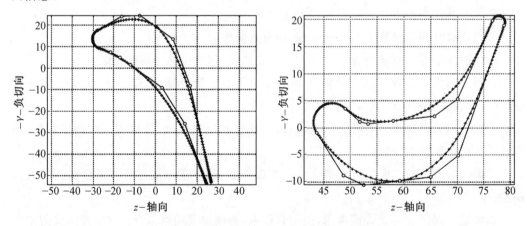

图 2.10　某型涡轮高压导叶与动叶的参数化拟合结果

Fig. 2.10　Parametric fitting process of a high pressure turbine stator and rotor

(2) 叶片三维积迭及流道参数化。

在单列三维优化设计中,本书用 NURBS 描述子午流道及轴向、周向积迭线,流道及积迭线对三维流场的控制具有很关键的作用,通过对流道和积迭线的优化设计,一方面可以研究子午型面、回转型面和侧型面这 3 个型面的匹配问题,另一方面可以研究流场结构,通过端壁和弯扭控制来改善端区流动,减少二次流损失。

轴向积迭规律和周向积迭规律的变化,可以改变叶片表面在根部、顶部通道壁的匹配情况,使叶栅通道内径向周向和轴向的压力梯度得以调整,从而控制端壁区高损失流体的生成、迁移,以便控制二次流的发展。因为三维效应,轴向积迭规律和周向积迭规律改变都可以使叶片同时具有弯和掠的效果。

王仲奇院士揭示了弯叶片控制二次流的机理,"附面层迁移理论"是理论基础。叶片周向弯曲导致叶片表面与气流的作用力在径向的分力不等于零,从而改变了压力沿叶高的分布,使得在叶片表面形成了两端压力高、中间压力低的径向"C"型静压力分布(图 2.11)。在图中所示的弯叶片流道内,由于根部的正倾斜(叶片压力面与下端壁夹角为锐角),只要倾斜角选择得合理,就能建立由叶根指向叶展中部的负压力梯度。在此压力梯度的作用下,叶片表面附面层将被"吸入"流道中部,被主流带走,而不会像直叶片那样由顶部向根部堆积;同时由于顶部也是正倾斜,同样由于径向压力梯度的作用,顶部的附面层流体也向中部输运,亦被主流带走。这就减少了低能流体在上下端壁与吸力面组成的角偶处的堆积,避免了分离流动发生,从而减少损失。

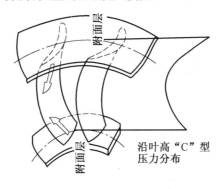

图 2.11　径向"C"型静压力分布

Fig. 2.11　Radial "C" type pressure distribution

关于正弯和反弯,赵洪雷等指出正弯叶栅有助于使二次流损失显著下降,主要是正弯帮助削弱流向集中涡。赵洪雷认为无论采用正弯叶栅还是反弯叶栅,均需要根据通道涡在出口截面的位置及尺度的大小来确定。对于小展弦比叶栅,当转折角很大时适用于采用反弯叶栅,而对于小转折角叶栅,则宜采用正弯叶栅。这是因为,对于大转折角叶栅,在出口截面上通道涡移向叶片的中部,并有可能相交,在这种情况下若采用正弯叶栅,则它产生的"C"型压力分布将有助于通道涡的加强,从而使损失增加。对于这种情况,若采用反弯叶栅,通道涡则会在反"C"型压力分布的作用下,被"压"离叶片中部,减少叶片中部的损失,从而使总损失下降。

尽管掠叶片在压气机中得到了较为广泛的研究,降低损失的机理已经比较清楚,但在涡轮方面讨论得较少。目前从计算与实验来看,涡轮掠叶片与压气机掠叶片在原理上有类同之处,但当两者掠的方向相同时,由于压气机与涡轮在流动方向的性质不同,前者为扩压流动,后者为膨胀流动,压气机与涡轮径向产生的压力梯度在符号上刚好相反。此外,掠叶片对激波面的影响在压气机与涡轮中也有很大不同。掠叶片在某些方面与弯叶片也有类同之处,即不同的掠与不同的弯都会改变径向压力梯度,这种压力梯度均会产生附面层的径向迁移,结果对二次流动与尾迹损失也会产生影响。

利用优化方法进行叶片三维积迭的弯、扭、掠、优化一方面可以验证上述理论,同时也可以发现新的规律以使理论得到更好的发展。在工程应用中,静叶通常以前缘或者尾缘为基准,动叶以重心为基准,积迭线形式包括以下几种:给定基准截面偏移量采用抛物线插值;分段处理,以 20%、80% 叶高处为分界,两端采用圆弧或者一定形式的曲线来描述,中间采用直线连接,也有两端直线中间曲线的连接方式;整段曲线,给定曲线上关键点位置或者控制点位置,如 NURBS。本书轴向和轴向积迭线均采用 NURBS 来描述(图 2.12)。对于子午流道也采用 NURBS 曲线来描述。NURBS 因为其自身特点以及描述自由曲线的优越性,通过对控制点的适当控制基本可以代替任何形式的曲线描述,而且控制点的相对位置作为优化设计变量,使优化参数数量一定程度上得到控制。

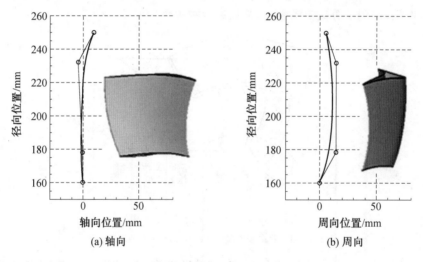

图 2.12　三维叶片积迭线

Fig. 2.12　Stacking line for 3D blade

2.4.3　优化设计平台

优化设计平台是设计体系具体形式的一种体现,也是一个科研设计单位设计水平的体现。图 2.13 为本书中涡轮单列三维优化平台的基本架构以及主要模块涉及的一些主要文件,平台包括优化系统、叶片成型、网格生成以及 CFD 流场计算部分。叶片成型主要采用 C# 自编程序,成型思路在前面已经详述,主要是基准型面成型和叶片三维积迭,也包括子午流道参数化部分。

网格程序部分包括自编的 Fortran 程序和商业程序接口。自编 Fortran 程序是哈尔滨工业大学发动机气体动力研究中心多位老师和学生不断修正和改进得到的程序,主要针对 HIT3D。本书针对优化设计参数化要求做了一定改进,使该程序具备足够的适应度以便在优化设计中应用。

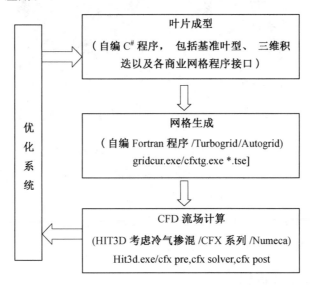

图 2.13　涡轮单列三维优化平台的基本架构

Fig. 2.13　Basic frame of turbine single−column 3D optimization design system

该程序生成 H/O 形网格,叶片外包一圈 O 形网格。为了考虑冷气掺混,可以根据需要在原网格上打孔,首先将 O 形网格分成几个子区,在指定子区内打孔,打完孔后再将网格嵌入原来网格中。图 2.14 为 S_1 流面网格结构图,图 2.15 为某叶片打孔的局部网格。

该 Fortran 网格生成程序主要应用于作者所在的研究所自编的 HIT3D 流场分析程序,因为 HIT3D 更注重计算精度以便在科学研究中得到更多更细致的流场信息,导致计算周期较长,所以这套组合在本书中只应用于少量实例研究,在后续的工作中将针对优化设计的特点对 HIT3D 的计算内核做改进,使其具备解决科研和工程应用两方面问题的能力。本书更多地采用了 CFX 系列软件,Turbogrid 用于网格生成,CFX−Pre、CFX−

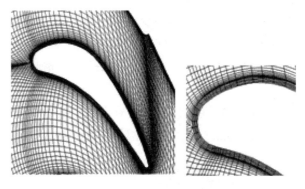

图 2.14　S_1 流面网格结构图

Fig. 2.14　Grid on S_1 stream surface

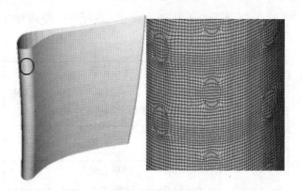

图 2.15　某叶片打孔的局部网格结构图

Fig. 2.15　Hole grid on blade surface

Solver 以及 CFX－Post 分别用于边界条件等初始条件设定、流场计算和后处理,通过接口程序以及 CFX 的 CEL&CCL 二次开发语言实现自编叶片成型程序、商业网格生成程序到流场分析程序的自动化运行,也可采用 Numeca 系列程序建立自动优化设计系统。

2.4.4　优化设计流程

叶轮机械三维流场计算在空间和时间上都具有很高的复杂度,而优化问题通常需要大量的样本计算,因此如果采用单一的优化技术来完成优化设计过程,比如遗传算法,可能要耗费大量时间,而且不一定能取得好的结果。出于工程设计问题的设计周期考虑,必须加快优化设计速度,因此需要整合应用包括试验设计、近似建模在内的多种优化技术,相应地,优化设计流程就显得非常重要。基本目标是尽量少次数地真实三维流场计算,用尽可能接近真实模型的近似模型来代替真实流场计算,并且在优化过程中要通过适当次数的真实流场计算修正近似模型,在近似模型上用全局智能的优化算法进行寻优。

单列三维优化设计流程如下:

(1)通过实验设计(DOE)在优化设计变量空间中寻优,一方面积累样本数据,寻找较优的后续优化初始值,另一方面通过 Pareto 图等方式分析出设计变量对目标函数值的影响情况,舍弃掉部分影响极小的设计变量,减少后续优化过程中的设计变量数目。

(2)利用多岛遗传算法(MIGA)在优化设计变量中寻优,同时积累更多样本数据。

(3)在 DOE 和 MIGA 得到的数据基础上建立 Kriging 近似模型(或者响应面模型,根据具体需求而定)。

(4)采用模拟退火算法(ASA)在近似模型上对设计变量空间进行全局寻优设计,或者采用基于梯度的一些数值算法在近似模型的部分峰值附近进行局部寻优。

(5)以一定寻优次数为标准,在达到这个标准时,用真实流场计算对当前最优设计变量进行验证,通过不断验证来修正近似模型。

(6)第(4)、(5)步嵌套循环进行。

以上步骤根据需要可以适当省略,在早期计算条件比较简陋的情况下,叶轮机械三维优化设计步骤通常只有(1)、(3)、(4)3 步,即用数值流场计算或者真实试验得来的很少数量的数据进行响应面建模,然后用序列规划等优化方法寻找最优值,事实上这是一种很好的快速定位最优点的方法。随着计算能力的提高,目前具有代表性的商业软件 Numeca/Design3D 具有(2)、(3)、(4)、(5)这 4 步,具体内容和本书有所不同,在积累数据和后期优化都采用遗传算法,近似模型采用神经网络建模方法。随着计算能力的进一步提高,三维流场计算时间可能会更短,对于粗网格基础上进行的部分优化设计可以直接用遗传算法之类的全局智能优化方法进行优化,忽略实验设计和近似建模部分,其优化周期也是可以接受的,本书中的某些问题就直接采用了这种模式。以上流程比较全面,可以根据需求选择适合相应问题的具体流程。

2.4.5　优化策略

优化流程是纯粹从优化技术角度去加快优化的过程,物理意义层面的优化加速策略更值得深入探讨。叶轮机械气动设计的一些理论已经比较成熟,通过以往的一些设计和实验数据可以知道某些设计参数对一些关键性指标的影响关系,比如叶型损失中激波损失、尾缘损失、摩擦损失等,经过长时间的研究已经有比较明显的设计参数影响对照表,因此在优化过程中可以从物理层面制订相关策略,以便快速、有层次地完成优化设计。

纯数学优化,此处指设计变量的取值范围以及限制条件等基于具体的物理问题纯粹基于数学描述的优化过程,往往可以帮助发现新的物理理论。而已有的物理理论也提供给数学优化更有效直观的优化条件。这两者相辅相成,在具体应用中需要结合考虑。

本节着重采用基于物理意义层面的优化策略,即针对不同问题选择不同的处理方法,基本目标是进行针对性优化设计,从而缩短优化设计时间,主要包括以下 3 个方面。

(1)网格疏密结合。

网格的疏密程度直接影响计算结果,同时也会严重影响计算周期的长短。在优化设计中,即使只有单个样本的计算周期稍微增加,但对整个优化设计来说,也会增加很多的时间消耗。因此在优化设计中,对网格的疏密程度应该有一条基本的原则,即足够多,能够保证定性分析的方向正确。首先需要分析原始流场情况,确定优化设计目标。根据不同的优化目标选择网格的疏密,重点优化区或者对网格要求较高的问题选择较密的网格。最终通过密网格进行校核计算,从而进一步定量分析某些问题。

从 S_2 正问题优化主要得到叶片进出口角的相关规律,即叶片沿叶高扭曲规律,根据扭曲规律进行三维叶型基准截面造型,对于全新的设计来说,在保证基准截面进出口角不变的情况下,大致绘制适合给定边界条件的叶型用作优化设计的初始叶型;对于有原型的优化设计,上述的参数化曲线拟合原始叶型。接下来就是叶片型线及周、轴积迭线的优化设计,即回转型面、侧型面和子午型面初步设计,这也是三维单列初步优化设计的主要内容,其主要任务是初步考察三维压力场分布情况,这一过程只要比较少的网格就可以,一般可用 5~15 万网格,本书对于一般问题大约采用 8 万网格。疏网格三维流场计算耗时较短,可以快速完成三维单列初步优化设计,得到较好的压力场分布。有时候需要针对某一基准截面或者区域,比如顶部截面和断区优化设计,则可在顶部20%区域内加密网格,而在其他区域适当选择疏网格。

疏网格优化实例发现,调整周、轴积迭线的变化对目标函数值的影响比较大,相对而言叶片型线控制点局部变化对目标函数值的影响并不很明显,这主要是因为回转型面的优化大约可分为3层:初步在于叶片形式的选择,比如前部加载、均匀加载、后部加载或者海豚叶型等特殊形式,修正流向压力分布;然后是对转捩点、分离点和激波位置等的控制;最后是分析第二步中相关内容引起的各种损失以及其他各种叶型损失,对设计参数进行微调。因为网格随着叶型变化容易产生畸变,因此优化过程中忽略了叶片加载形式优化,对于基本确定加载形式的叶型这部分是可以忽略的,但对于全新设计的叶型,不同形式的选择可能对优化目标值产生很大的影响,这也是后续优化设计中要注意的内容。对于第二层和第三层的设计,均需要仔细研究流场,因此对网格数的要求比较高。要研究叶型损失,沿叶高网格15~25即可,但沿流向(如O形网格)要200~300,沿周向60~100。

为了更好地了解附面层流动周向要200计算点。边界层内要保证30~80个计算点。对于研究三维的各种涡系与波系流动,一般一列叶栅需要200万~300万网格。当然三维的初步分析计算每列30~50万网格也可。与网格无关应看分析问题的不同,如果分析转捩与湍流的微细结构,应用平均方程是不可以的,应用大涡模拟与直接解的网格数需要更多。

(2) 特征型面与单列三维优化设计。

S_1流面设计是叶轮机械传统设计体系中的一个重要环节,根据流动条件,通过流场计算得到叶片的详细形状。本书的分层优化设计体系中用单列三维优化取代S_1优化设计,这是可行的,但并不是说在实际应用中完全抛弃传统S_1设计,而是根据具体情况具体选择。

用单列三维优化设计取代特征型面设计主要有两个原因:第一,对于涡轮叶型设计来说,目前积累了适合不同流动条件的大量叶型,对于一般的设计情况,我们总可以在这些经验数据库中挑选到适合的叶型,因此不需要通过S_1计算来确定叶型。挑选一定叶型后,通过参数化的拟合成型方法进行叶型重现,在此基础上直接做单列三维优化设计即可;第二,S_1计算无法描述流动的三维特性,在已经确定叶片基本形状的情况下,直接用疏网格在三维环境下进行优化设计,这样可以通过回转型面、侧型面和子午型面的综合优化来获得更优、更可信的综合优化流型。而计算能力的发展使疏网格下的单列三维计算时间大大缩短,其优化设计周期是可以接受的,因此完全可以替代传统的S_1优化设计。

单列三维优化设计取代特征型面的前提条件是可以根据流动条件直接选择经验数据中的较优流型。在实际应用中,尤其是随着计算能力的发展和设计者对叶轮机械内部流动认识的深入,一些新的设计方法、流动条件逐渐在工程设计中出现,这时无法使用经验数据中的较优流型,比如大转角、强激波等情况。在这种情况下,如果强行选择特定流型进行单列三维优化设计,可能会出现计算浪费等缺点,且不会有很好的结果,此时需要根据流动条件做特征型面优化设计。

综上所述,一般情况下可以采用单列三维优化设计取代特征型面优化设计,在经验数据原型基础上通过型面匹配获取满足特定流动条件的综合优化流型,而对于特殊情况,无法选择适合流动条件的经验流型时,仍然需要特征型面计算进行叶片型线初步设计。

(3) 局部策略。

局部策略主要是基于流场分析,将流场局部中存在的问题对应到叶片的某个区域中的某些参数,选定这些参数进行针对性优化设计。比如根据基准截面压力分布情况,选择基准型面某段型线控制点作为优化设计对象;根据尾缘流动情况选择尾缘半径、后弯角、出口几何角以及压力面、吸力面后半段型线控制点作为优化设计对象;根据沿叶高损失分布选择三维积迭线作为优化设计对象。单列三维优化设计中,局部策略可以帮助优化设计在很少设计变量的情况下进行,使优化空间减小,优化复杂度降低,优化时间大大缩短。

局部策略应该是一个全体统筹概念,一个设计问题肯定存在多个局部问题区域,这么多个局部问题如何实现整体优化设计?本书第 6 章主要介绍基于局部策略的并行优化设计,对局部策略和并行策略进行了详细的介绍。

主要包括 3 个方面,这 3 个方面的不同点在于:①网格疏密程度不同;②关注分析的侧重点不同;③优化设计参数不同,可根据分析的问题及流场变化情况进行具体选择。

2.4.6　优化设计基本思路

单列三维优化设计的任务主要是进一步优化流型,调整流场压力分布,降低各种流动损失。为了完成这样的任务,必须明确优化设计的主要内容和方向,这也是单列三维优化设计的指导思想。本书主要从型面匹配优化和流场结构分析及其优化两方面入手。

(1) 型面匹配优化。

型面匹配优化设计是叶轮机械单列三维优化设计的关键部分,也是主要内容。型面匹配设计即回转型面、子午型面和侧型面的匹配设计,包括叶片基准型线、子午流道形状、三维积迭线等的控制和优化。

型面匹配问题比较复杂,也是设计者必须认真对待的问题。文献[79]提出对于不同回转型面除有不同载荷类型的 S_1 流面之外,还有各种扭曲规律与非对称的叶栅流动;对应侧型面可以不同的扭曲规律;对应子午型面有不同的可控子午型面与掠叶片的流动。文献[80]深入讨论了弯、扭、掠叶片的设计原理及气动特点,分析了近年来在弯扭叶片研究方面取得的一些成果。当时提出的匹配规则还不细微,且均是依靠经验对部分流场分析得出的结论,因此有必要利用现代优化设计思想对 3 个型面匹配做进一步的研究。

匹配优化研究主要包括对各个型面的变化控制来实现流场变化,如压力场、速度场。事实上每个型面的变化对流场的作用均不同,在优化过程中需要以最终效率为目标,仔细分析比较通道三维流场变化,包括三维压力场、速度场、三维流场结构和三维损失分析,另外型面匹配对激波面和激波与附面层相互作用也有一定的控制作用。

关于各种损失分析，一方面对流场进行分析，从各种图形可以大致看出各种损失情况，并通过数据分析得出优化参数与损失影响的关系，另一方面通过对一些经典损失模型的分析，可以直接得到某些参数对特定损失的影响，从而帮助选择优化设计参数。这两方面相互促进，同时这也是优化设计的目标之一，即通过优化设计发现新的理论或策略，并将这些理论和策略用于指导后续的优化设计。关于损失模型及设计的更多细节在后续内容中将进一步介绍，并将之用于局部、并行的优化策略。

（2）流场结构分析及其优化。

分析当前流场结构情况，抓住造成损失的主要因素，并有针对性地选择优化设计参数做进一步优化，对流场结构进行控制调整。涡系结构、波系结构和分离结构是流场结构的主要组成部分，流场分析过程中需要很好地认识这些流场结构的产生和发展情况以及相互影响。已有的一些经验性结论可以帮助快速定位问题，完成优化设计。

关于涡系本书做了比较详细的介绍，只有控制好这一复杂流动才能减少损失，提高流动的稳定性。回转型面对马蹄涡与通道涡影响很大，大头叶片马蹄涡比较强，而叶栅出口有效几何角比较小时，通道涡比较强，后部加载叶型通道涡相对弱一些；子午型面与侧型面对马蹄涡和通道涡影响也很大，特别是侧型面对马蹄涡两个分支的影响，在正弯的时候会使压力面分支加强而吸力面分支减弱，这将使通道涡较早产生且比较稳定。实验分析证明，正弯叶片条件下，由于横向压力梯度的减少，通道涡减弱。事实上，各种涡系结构的产生、发展和相互影响及其和各个设计参数之间的关系并没有被完全认识。

激波会导致波损，干扰流道中的流动情况，且可能会与附面层相互作用，导致附面层突然增厚而分离，激波与附面层的相互影响机制比较复杂。波系和涡系也相互影响。事实上，在特定条件下很难对激波进行控制，但可以通过适当调整降低激波造成的损失，如对于超声速来流情况，叶片前缘半径、楔角、压力面和吸力面的前段的加载情况都可以直接影响前缘激波形态和气体膨胀状况。叶片整体加载形式对激波有一定的调整作用，叶片的弯扭调整也可降低波损。而尾缘激波则可通过对尾缘半径、楔角以及靠近尾缘的型线等参数的调整来进行控制。

附面层分离是流动损失的重要部分，要想仔细研究叶片附面层流动情况，了解层流到湍流的转捩，需要很密的网格和特定的计算模型。叶型多个参数可能会影响附面层流动，如叶片进口几何角、前缘半径、叶片加载形式等。

2.5　基于局部和并行策略的多级优化设计

涡轮全三维优化问题，无论是单列还是多级，由于其计算模型复杂，涉及参数群均非常庞大。多级涡轮三维优化设计参数变量有两方面：一是几何参数，每一列叶栅至少有5～9个优化截面，每个截面叶型控制参数为10～17个，通流控制点需3～30个；二是物理参数如进口参数、转速、马赫数、雷诺数等要 5~20 个甚至更多。这样多级涡轮三维优化参数要 200~1 000 个甚至更多,优化计算需大量计算时间,到目前为止在工程上完成如此大量计算是有相当困难的。因此,应用优化方法进行设计首要的是提高优化计算效率,只有这样才能达到工程设计要求。这也是提出 MAODS 的目的和必须要解决的问题。基于局部和并行优化策略的多级三维优化是指针对具体优化问题选定特定的一个或几个设计变量进行优化,这种策略的执行基于对流场的分析。

　　局部策略的多级三维优化计算流程包括:多级三维优化计算前,完成准三维优化与三维叶片优化,然后根据多级三维分析结果,逐次对各列叶栅进行多级环境下的局部优化,各列叶栅均进行优化后,第一轮局部优化设计结束,若达到设计目标,优化结束,否则,对第一轮结果进行三维分析,然后根据三维分析结果进行第二轮局部优化,如此循环,直至达到设计目标。对每列叶栅进行优化时,根据分析结果,此列叶栅中可能存在较大的叶型损失、二次流损失、叶栅匹配损失、激波损失以及反动度分配不合理等的一项或者几项,可以分别或者组合对它们进行优化。为了缩短优化时间,提高计算效率,三维流场计算均采用先由疏网格进行计算,最后用密网格校核的方法。

　　涡轮优化问题的最终目的是为了提高效率,从另一个侧面来说也就是减少损失,因此在多级三维优化计算过程中,损失估算子体系和流场分析子体系尤显重要。损失子体系不但要协助完成对涡轮性能的预测,还要给出设计变量与涡轮性能的影响关系。流场分析子体系则完成对某一样本计算后的流场进行三维压力场、三维速度场、叶片流道附面层流动、叶片尾流、壁面极限流线和摩擦力线图、S_3 截面“二次流”、涡量、叶栅损失、局部流场结构、涡系结构、分离流结构、激波结构和流态与湍流等方面的分析,并反馈到具体参数群的变化。

　　根据对流场的分析,选择不同参数组或者参数组的组合进行微调,可以实现对涡轮的局部优化。目前,在实例求解过程中,参数组的选择还非常依赖于技术人员对流场的分析,降低了优化计算的自动化,通过不断深入研究,可以寻求对特定损失的量化分析,以此为标准让程序自动调整相关参数实现自动优化。

　　当局部问题较多且问题之间相对影响不是特别大的时候,可以将众多问题剥离开使其成为单个问题,对应于不同设计变量,采用并行优化策略。基于 SOA 框架并行优化是一种典型的主从式并行,不同主机(节点)之间定期将优化结果汇报给主服务器,并且向服务器索取其他主机(节点)的最近优化信息对本节点计算数据进行更新,这种相对独立却又保持统一体的优化过程一方面因为并行性节省计算时间,同时相对整体优化来说,其设计变量大大减少,且设计变量的选取具有很强的针对性,避免众多设计变量混在一起导致目标函数对设计量变化的反应灵敏度降低而使优化无法进行。另一个重要优点在于整个优化过程依然是保持一体的,不同问题之间保持相互影响,优化的最终结果也基本是整体的最优结果。

　　SOA 框架是整个优化的主框架,在单个问题优化过程中还可以结合使用优化算法本身的并行性,比如遗传算法,即将一代种群中的个体分派到各个主机(节点),通过 Win-Sock 技术保持种群个体计算结果与算法执行节点之间的通信,一代种群的所有个体计算完成后由算法执行节点统计并生成下一代种群。这样就可以组成一个复杂的计算机集群,用空间换取计算时间的大量减少。

MAODS 中多级三维优化计算初期采用自主优化平台和 CFX 系列商业软件,辅助利用 Design-3D。优化流程大致包括遗传算法加疏网格初步优化计算,近似建模,逐步加密网格,优化过程中调整近似模型,再在比较精确的近似模型上寻找最优解。哈尔滨工业大学推进理论与技术研究所自主开发的 HIT3D 有冷气掺混的计算模型,由于学术需求要求较高精度,导致计算周期较长,目前适合应用于相对精细的优化研究,不适合工程优化应用。为了扩大应用,将对 HIT3D 计算程序进行简化,去除不必要的黏性项,使其计算周期缩短,配合使用优化体系中的优化模块,形成一套有完全自主知识产权的涡轮优化设计系统。

2.6　设计平台及开发

开发基于分层优化设计体系的平台程序是设计体系得以很好应用和验证所必需的,一套好的设计平台可以极大缩减设计周期和成本。国内外很多公司和科研单位花费大量人力物力致力于开发一套全面、稳定、高度集成 1D/2D/3D 的设计平台,高效的设计平台应该具备简单易用、高超的设计分析能力、更好的文件归档、更好的错误处理、简单明了的输入和自动归档的输出等特点。有一些文献大致体现设计系统的发展,例如,早期 GE 的 Cofer 等和西门子的 Deckers 等的蒸汽透平流道设计和优化系统,近些年来,Wellborn 等和 Ulizar 等开发设计了多级叶轮机气动设计系统,Ni 等开发航空发动机造型、分析、仿真和计算系统,Miller 等提出风扇、压气机和涡轮设计的集成设计系统,Moroz 等开发轴流涡轮 1D/2D/3D 设计系统,还有文献部分研究了叶轮机叶型和流道设计优化和加速的相关技术。

目前,专用于叶轮机械设计计算的商业程序有 SoftinWay 的 AxStream 和 Concepts NREC 的 AGILE Engineering Design System,以及用于流场分析的 Fluent 系列、CFX 系列、Numeca 系列和用于叶轮机械三维优化设计的 Fine/Design3D。国内,很多叶轮机相关科研院所均有自己的设计系统或零碎的某环节设计程序,但其集成性和工程应用能力需要逐步发展。

本书在建立完整的叶轮机分层优化设计体系过程中,开发了各模块程序,并逐步建立一套完整的具有优化设计能力的自动化流程的叶轮机 1D/2D/3D 分层设计系统,该系统将在深入剖析叶轮机设计流程中各环节各种设计情况的基础上充分体现分层优化设计的优势。

图 2.16 为优化设计系统基本架构,除了设计体系中提到的 4 个模块,还有模型库、优

化算法库、流型数据及知识库、多学科多目标相关的计算或分析模块、用户交互(包括桌面程序及网络终端)以及分布并行的计算机集群处理模块,资源管理统一调配管理。其中模型库包括一些工作流和近似模型等的创建和存储,以便重用。流型数据库保存实验优秀流型和数值计算获取的优秀流型及相关数据,在优化设计中,可自动调取条件近似的流型作为初始流型。知识库包括设计思想和理论、关键参数概念和选取、相关论文文献等多方面知识库,在优化设计中可自动搜索相关知识,为设计提供参考。因此设计系统不仅仅用于设计,还应该是交流、共享和知识积累的系统。

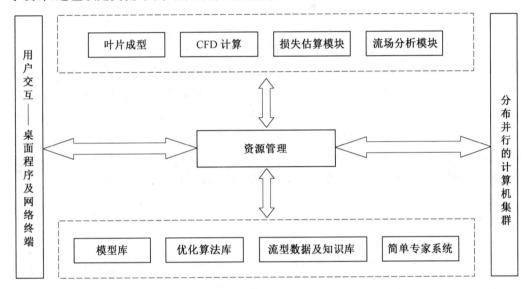

图 2.16　优化设计系统基本架构

Fig. 2.16　Basic frame of optimization design system

第3章　物理条件对计算精度的影响与气冷涡轮损失评价

3.1　引　　言

在考虑气膜冷却的叶片优化平台建立以及气热耦合优化平台建立过程中,不仅需要连接各种软件模块,更需要在平台建立过程中考虑多方面的因素以确保优化平台的实用性,而计算精度是保证平台实用性的重要方面。针对计算精度方面的研究,往往着重于湍流模型以及网格无关性方面的研究,而忽略了物理模型准确度的影响,尤其是对于目前气冷涡轮的计算过程,涡轮入口温度升高,辐射影响加大;冷气量增大,组分扩散对气动性能影响不可忽略;由于冷却结构导致叶片积迭位置变化而对气动性能造成影响等。因此在优化平台的构建与应用过程中需要提升物理模型的精度,以尽量降低计算误差。

本章 3.2.1 小节对计算过程中湍流模型以及转捩模型应用的部分研究进行简单综述。在此基础上,平台建立过程中为保证计算精度与适应气冷涡轮计算与后处理的特点,主要对以下内容进行了研究:

(1)对气冷涡轮优化过程中的物理模型、计算过程中多组分的影响、热辐射的影响、模型进行简化时壁面传热条件的影响、气动设计过程中与工程实际应用过程中积迭位置差异造成的影响进行了研究。

(2)对优化中计算精度与优化结果可信度之间的关系进行了说明。

(3)对气冷涡轮的损失评价方法与后处理方法进行了研究。

对上述内容进行研究的主要目的是提升针对气冷涡轮优化过程的精度,并且对计算精度与计算结果可信度关系进行说明,增加平台实用性。通过合理的损失评价方法和后处理方式对气冷涡轮的损失进行更精确的判断以采取针对性的手段提升其整体性能。

3.2　气冷涡轮各种模型计算误差分析

搭建气冷涡轮优化平台过程中三维计算软件采用 CFX,采用该软件对气冷涡轮计算影响的研究,主要从以下两方面考虑:第一,计算软件与湍流模型以及转捩模型对计算精度影响,该部分内容为对部分文献的简单综述;第二,计算过程中涡轮物理模型的误差与计算方式不同对计算精度的影响。

3.2.1　湍流模型与计算精度

针对气冷涡轮对计算软件进行考核,本节主要从两个方面考虑了计算精度,首先是存在气膜冷却的情况下,三维计算对涡轮的气动参数与总体气动性能的预测能力;其次是对存在气膜孔的气冷涡轮进行模拟,以检验三维计算对叶片温度场的预测能力,下面对该部分内容进行简单综述。

曾军等采用全三维计算软件 CFX 对 GE 公司的 E^3 两级高压涡轮和五级低压涡轮共 14 列叶片进行了全三维的计算,将计算结果与实验数据进行了对比。采用了带转捩的 SST 湍流模型,对于存在逆压梯度的流动情况,该湍流模型比单纯地采用 ε 方程可以取得更好的计算效果。高压涡轮叶片表面的冷气网格采用了划分冷气槽缝的方式来近似模拟,如图 3.1 所示。图 3.2~图 3.4 分别为涡轮级出口绝对总压与实验值对比、涡轮级出口绝对总温与实验值的对比以及叶片排出口气流角计算值与设计值的对比(静叶为绝对气流角,动叶为相对气流角)。图 3.2 中下标 42 表示高压涡轮出口截面参数,下标 4 表示高压涡轮入口截面参数。从图 3.2 中可以看到除了端壁附近外,各参数的计算值均与实验值吻合得较好。

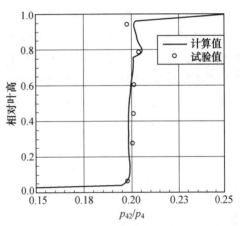

图 3.1　冷气槽缝示意图

Fig. 3.1　Distribution of slots

图 3.2　总压对比

Fig. 3.2　Total pressure comparison

由计算得到的高压涡轮总体性能计算结果对比见表 3.1,从表中可以看到,计算所得入口流量与实验值相比偏大 1%,效率偏大约 0.2%,总膨胀比较为一致。从总参数以及参数沿叶高的分布可以看到,计算值与实验值较为一致,采用上述湍流模型与冷气处理方式所得到的计算结果较为可信。

表 3.1　总体性能计算结果对比

Table 3.1　Turbine performance comparison between numerical simulation and test

	实验值	计算值
入口流量/(kg·s^{-1})	10.9	11.0
总膨胀比 π^*	5.01	5.00
效率 η_t	0.925	0.927

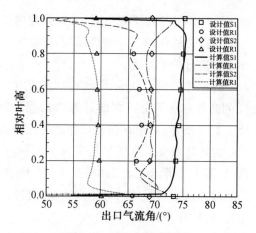

图 3.3　绝对总温对比　　　　　　　图 3.4　出口气流角对比

Fig. 3. 3　Total temperature comparison　　　Fig. 3. 4　Flow angle comparison

Murari 等采用全三维计算软件对 GE 公司的 E^3 两级高压涡轮进行数值模拟,采用 CFX 进行数值模拟时,采用了带转捩的 SST 湍流模型,对该涡轮多个工况进行数值模拟。图 3.5 为某一工况其出口总温与总压计算值与实验值对比,图 3.6、图 3.7 为该涡轮特性线上不同点流量特性与效率特性随膨胀比变化的实验结果与计算结果对比,该部分中包含了 CFX 和 Fine-Turbo 两个计算软件的比较。

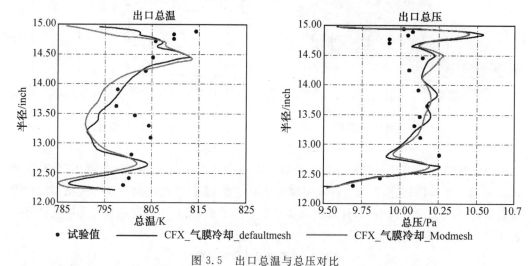

图 3.5　出口总温与总压对比

Fig. 3. 5　Comparison of total temperature and total pressure at exit plane

从 Murari 的研究结果可以看出,针对 E^3 两级高压涡轮的计算,其总温沿叶高的分布存在一定差异,其总压分布吻合得较好。不同计算软件得到的特性线上的各工况的计算值均与实验值吻合得较好。

以上是不同文献中采用 CFX 针对 E^3 两级高压涡轮进行的气动核算,气动参数计算结果与实验数据是较为接近的。

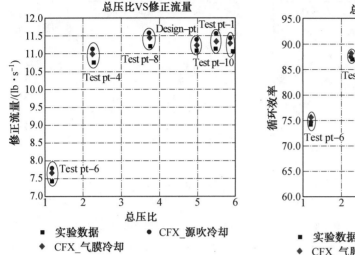
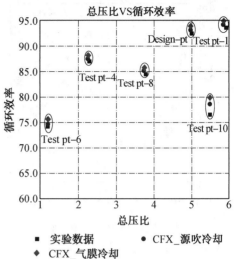

图 3.6　流量特性实验与计算结果比较

Fig. 3.6　Mass flow comparison with test at design/off-design points

图 3.7　效率特性实验与计算结果比较

Fig. 3.7　Cycle efficiency comparison with test at design/off-design points

　　董平采用不同湍流模型对不带气膜冷却的涡轮叶片 MarkII 的 5411 工况和 C3X 的 4521 工况进行气热耦合数值模拟,针对 MarkⅡ 进行数值模拟时,采用不同湍流模型计算得到的叶片中径壁面温度分布和叶片中径壁面换热系数分布与实验值的对比如图 3.8、图 3.9 所示。针对 C3X 进行模拟,不同模型计算计算结果如图 3.10、图 3.11 所示。

　　董平还对存在气膜冷却的 C3X 的改型叶片 4313 工况进行气热耦合条件下的数值模拟,其部分参数计算结果与实验结果对比如图 3.12 和图 3.13 所示。

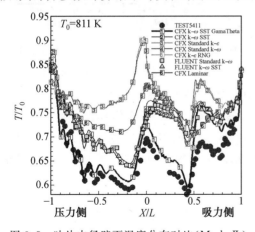
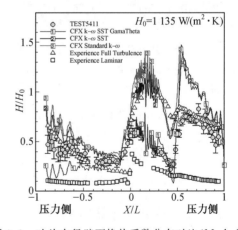

图 3.8　叶片中径壁面温度分布对比(Mark Ⅱ)

Fig. 3.8　Predicted and measured vane surface temperature distribution at mid-span(Mark Ⅱ)

图 3.9　叶片中径壁面换热系数分布对比(Mark Ⅱ)

Fig. 3.9　Predicted and measured vane surface heat transfer coefficient distribution at mid-span (Mark Ⅱ)

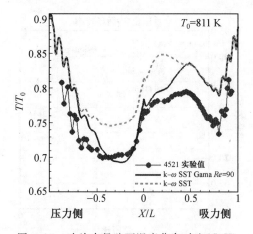

图 3.10　叶片中径壁面温度分布对比(C3X)

Fig. 3.10　predicted and measured vane surface temperature distribution at mid-span(C3X)

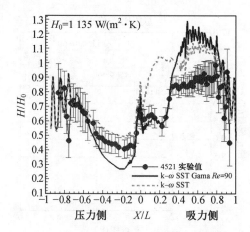

图 3.11　叶片中径壁面换热系数分布对比(C3X)

Fig. 3.11　predicted and measured vane surface heat transfer coefficient distribution at mid-span

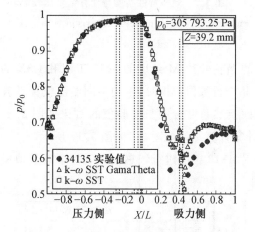

图 3.12　叶片外表面中径处静压分布(C3X)

Fig. 3.12　Predicted and measured aerodynamic loading on vane external wall at mid span(C3X)

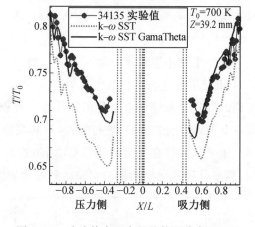

图 3.13　叶片外表面中径处静温分布(C3X)

Fig. 3.13　Predicted and measured temperature distribution on vane external wall at mid span(C3X)

　　通过上述内容可以看到在选用带有 $\gamma-Re_\theta$ 转捩模型的 SST 湍流模型对上述叶片进行气热耦合数值模拟时,其计算结果与实验值结果吻合得较好,能够较为真实地反映叶片的流动情况与传热情况。因此搭建优化平台时湍流模型选择为带有 $\gamma-Re_\theta$ 转捩模型的 SST 湍流模型,后续计算均采用该模型。

3.2.2　多组分计算影响

　　在气冷涡轮实际工作过程中,冷却工质为空气而主流区域工质为燃气,两者热物性相差较大,冷气量较少时,可不考虑冷气组分扩散的计算对涡轮性能参数的影响,而目前气冷涡轮中冷却气体流量占涡轮入口流量的 20% 甚至 30%,流动中不同组分存在较严重的扩散现象,对流动与传热的影响不可忽略。本节首先采用多组分扩散的方式对该涡轮进行数值模拟,冷却气体为空气,主流气体为燃气,该方案为 c1;然后采用单一工质对某两级高压涡轮进行数值模拟,工质为燃气,该方案称为 c2。通过两个方案的对比进行研究组分扩散对气动以及传热的影响。

计算过程中燃气的比定压热容 $c_p(T)$ 采用多项式拟合为温度的函数,其具体形式见下式,式中:$a=-5.148\ 9\times10^{-5}$ J/(kg·K³),$b=0.299\ 1$ J/(kg·K²),$c=942.761\ 3$ J/(kg·K),$120\ \mathrm{K}\leqslant T\leqslant3\ 000\ \mathrm{K}$。

$$c_p(T)=aT^2+bT+c \tag{3.1}$$

燃气的热传导系数 $\lambda(T)$ 和动力黏度系数 $\mu(T)$ 均采用 Sutherlands 公式表示为温度的函数,具体见式(3.2)和式(3.3)。其中 $n=1.5$,$T_{\mathrm{ref}}=300.00$ K,$\lambda_{\mathrm{ref}}=1.983\ 0\times10^{-5}$ W/(m·K),$T_{\lambda\mathrm{suth}}=78.06$ K,$\mu_{\mathrm{ref}}=0.026\ 24$ Pa·s,$T_{\mu\mathrm{suth}}=246.50$ K。

$$\frac{\lambda(T)}{\lambda_{\mathrm{ref}}}=\frac{T_{\mathrm{ref}}+T_{\lambda\mathrm{suth}}}{T+T_{\lambda\mathrm{suth}}}\left(\frac{T}{T_{\mathrm{ref}}}\right)^n \tag{3.2}$$

$$\frac{\mu(T)}{\mu_{\mathrm{ref}}}=\frac{T_{\mathrm{ref}}+T_{\mu\mathrm{suth}}}{T+T_{\mu\mathrm{suth}}}\left(\frac{T}{T_{\mathrm{ref}}}\right)^n \tag{3.3}$$

计算过程中空气的热物性为定值,其摩尔质量为 28.96 kg/kmol,燃气摩尔质量为 28.93 kg/kmol。

计算采用的模型为某两级高压涡轮实验工况,两级总冷气量约占入口流量的 26%,采用 CFX 在绝热条件下进行计算,湍流模型选择为 Shear-Stress Transport,采用 $\gamma-Re_\theta$ 转捩模型,计算总网格数为 650 万,其中计算网格如图 3.14 所示。

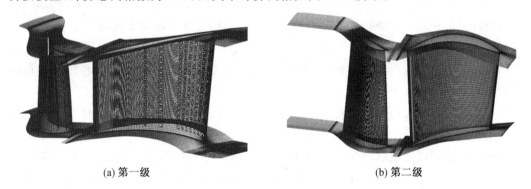

(a) 第一级　　　　　　　　　　　　　　　(b) 第二级

图 3.14　计算域叶片表面网格分布

Fig. 3.14　Mesh details of the computational domain

表 3.2 为两个方案的总体参数对比,从表中数据可以看到,两计算方案的总体参数差异较小,总体气动效率 η_t(式 2.2)相差为 0.18%,造成该差异的主要原因是两个方案由于冷却气体的工质不同,其做功能力也不同。

表 3.2　方案 c1 与 c2 总体参数对比

Table 3.2　Flow property comparison between c1 and c2

	方案 c1		方案 c2	
	第一级	第二级	第一级	第二级
$W \cdot \sqrt{T_0^*} \cdot p_0^{*-1}$ $/(\text{g} \cdot \text{K}^{\frac{1}{2}} \cdot \text{s}^{-1} \cdot \text{Pa}^{-1})$	0.866		0.866	
FC	1.033	0.967	1.032	0.968
Ω	0.360	0.445	0.360	0.446
$\Delta h/U^2$	1.347	1.137	1.344	1.135
U/C_1	1.308	1.182	1.307	1.180
π^*	2.159	2.258	2.159	2.258
$\alpha_2/(°)$	85.867		85.816	
η_t	90.68%		90.50%	

注：* 代表滞止参数

图 3.15 为计算方案 c1 和 c2 叶片表面绝热温度差异图，由于计算过程中采用了绝热壁面，壁面温度不能反映真实叶片温度场，但是在一定程度上可以看出由于冷却工质不同对气膜冷却效率造成的不同影响。方案 c1 和 c2 每一列叶片的平均绝热温度为 497.9 K（496.8 K）、501.1 K（499.5 K）、506.2 K（505.4 K）和 451.9 K（451.8 K）。从图 3.15（a）中可以看到第一列叶片的局部最大温差为 23.6 K，约为叶片表面平均绝热温度的 5%。其余叶列的最大温差值下降较为明显，最后一级的温差几乎可以忽略。除第一列外，叶片表面最大温差出现的区域均位于吸力侧通道涡的边缘区域，通道涡的卷吸作用使得该区域的冷却气体较为集中。与燃气相比，采用空气为冷却工质其比热较小，因此当采用空气为冷却工质时，冷气温升明显，造成壁面绝热温度的上升，这一点在冷却气体较为集中的区域更为明显。

从以上数据以及图形可以看到，上述两个算例在冷气量为 26% 情况下，采用不同的冷却工质计算流量等总体参数变化不大，但是对气动效率产生了 0.18% 的影响，冷却工质的差异对气动效率的影响不可忽略；不同的冷却工质对叶片表面的局部温度场影响较大，虽然不同方案平均温度较为接近，但是第一列叶片的最高绝热温度的差异接近 5%，由于通道涡的卷吸作用造成的冷气集中，使得后续叶片的最大温差出现在通道涡的边缘区域，工质差异对冷却效果影响不可忽略。

3.2.3　热辐射影响

为追求更高的推重比和更高的效率，涡轮入口燃气温度不断提升，目前已达到 2 000 K 甚至更高。随着温度的升高，热辐射对涡轮叶片温度的影响已经不能忽略。本节在气热耦合条件下通过数值模拟研究了辐射对叶片温度场的影响。

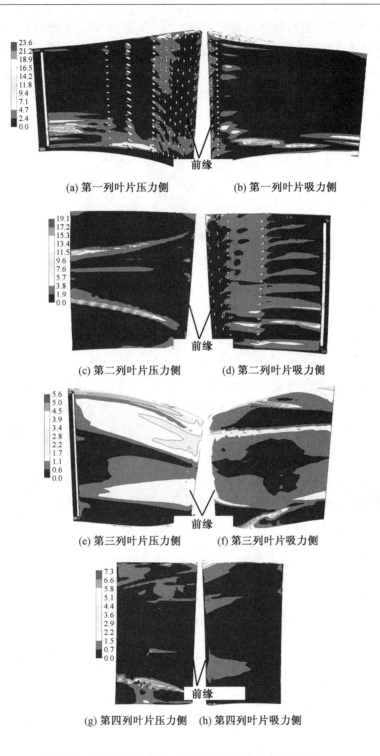

图 3.15　计算方案 c1 和 c2 叶片表面绝热温度差异图

Fig. 3.15　Blade temperature comparison between c1 and c2

　　计算模型为某涡轮的第一级静叶,该叶片仅存在一内腔,冷却气体来自于压气机末级,由叶片顶部外端壁经由内腔进入流道内端壁。计算中对模型简化,端壁为绝热壁面;采用气热耦合方式计算叶片内外流体域和固体域的温度场与流场,计算域网格均为结构化网格,外流体域网格数为 249 万,内流体域网格数为 139 万,固体域网格数为 27 万,其计算模型和网格示意图如图 3.16 所示。

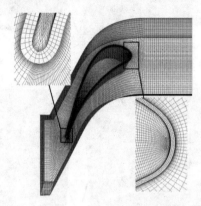

图 3.16　计算模型和网格表示

Fig. 3.16　Model and mesh details

　　计算过程中工质的构成对辐射计算影响较大,在考虑热辐射时,双原子分子(如O_2 和 N_2)对结果影响很小,而三原子分子的影响较大,因此计算中忽略双原子分子对辐射的影响,仅考虑工质中CO_2 和 H_2O 对辐射计算的影响。计算过程中油气比为 0.022 时,燃料完全燃烧时所得的燃气为工质对热辐射进行数值模拟,其中 CO_2 和 H_2O 的摩尔分数较为接近,均设定为 6%。在计算过程将光谱分离为 4 个谱带,设定工质对每个谱带的吸收系数,通过设定权重补偿工质在不同谱带下的吸收能力和释放能力。则针对该工质的谱带吸收系数 A_{b_i} 定义为

$$A_{b_i} = [h_i(F_{CO_2} + F_{H_2O})]p \quad (i \leqslant 4) \tag{3.4a}$$

权重 W_{g_i} 定义为

$$Wg_i = B_i + C_i T \quad (i \leqslant 4, T \leqslant 2\,400) \tag{3.4b}$$

式中,$h_i(i \leqslant 4)$、$B_i(i \leqslant 4)$、$C_i(i \leqslant 4)$ 的取值见表 3.3,p 为工质压力,单位为 atm。

表 3.3　h_i、B_i、C_i 取值

Table 3.3　Value of h_i, B_i and C_i

	$i=1$	$i=2$	$i=3$	$i=4$
$h_i/(\mathrm{m}^{-1} \cdot \mathrm{atm}^{-1})$	0	0.94	9.4	130
B_i	0.409 2	0.284	0.211	0.095 8
C_i/K^{-1}	7.53×10^{-5}	2.58×10^{-5}	-6.54×10^{-5}	-3.57×10^{-5}

　　计算过程中湍流模型选择为 Shear—Stress Transport,采用 $\gamma - Re_\theta$ 转捩模型。辐射

模型选择为 Discrete Transfer Model,该模型主要是采用单一的辐射射线代替从辐射表面沿某个立体角的所有辐射效应,其计算精度主要受射线数目以及网格疏密的影响。计算了入口总温在 1 260 K 和 2 000 K 两个条件下叶片的流动情况和温度场,内腔冷气流量和入口总温保持不变。主要考查气热耦合条件下入口温度大幅度提高由辐射因素导致的叶片温度场的变化,而忽略由于边界层温度变化导致的气体黏性变化对气动效率产生的影响。其中入口总温为 1 206 K,计算时不考虑辐射影响的方案称为 1a,考虑辐射影响的方案称为 1b;其中入口总温为 2 000 K,计算时不考虑辐射影响的方案称为 2a,考虑辐射影响的方案称为 2b。不同方案的叶片表面平均温度 T_{av} 和最高温度 T_{max} 见表 3.4,表格中 $\max(\Delta T)$ 表示由辐射导致的叶片表面的最大温升。

表 3.4　不同方案叶片表面平均温度对比

Table 3.4　Different plans temperature comparison

	1a	1b	2a	2b
T_{av}/K	947.41	964.07	1 425.41	1 517.49
T_{max}/K	1 094.93	1 105.15	1 730.93	1 769.10
T_{min}/K	812.56	836.37	1 111.12	1 245.32
$\max(\Delta T)/K$	0	28.10	0	154.1

由表 3.4 可以看到在入口总温为 1 206 K,计算时考虑辐射叶片表面平均温度升高 16.66 K,叶片表面最高温度升高 10.22 K,叶片表面最低温度上升 23.81 K;当入口温度提升至 2 000 K,计算时考虑辐射叶片表面平均温度升高 92.08 K,叶片表面最高温度升高 38.17 K,叶片表面最低温度上升 134.20 K。从上述数据可以看到随着入口总温的升高,辐射对于叶片温度场的影响逐渐加强,并且其温度上升的量级对于叶片寿命的影响是不可忽略的。

图 3.17(图中箭头方向表示内腔冷气流动方向)是入口总温为 1 206 K 时由辐射导致的温度差异,其中叶片表面由辐射导致的温差最大值为 28.1 K,出现在叶片压力侧,而原型叶片的高温区域(前缘下端壁附近和吸力侧尾缘上端壁附近)由辐射导致的温升较小。

图 3.18(图中箭头方向表示内腔冷气流动方向)是入口总温为 2 000 K 时由辐射导致的温度差异,其中叶片表面由辐射导致的温差最大值为 154.1 K,其最大温升出现在压力侧上端壁附近,同样原高温区域(前缘下端壁附近和吸力侧尾缘上端壁附近)由辐射导致的温升较小。

从上述计算可以看到,热辐射的影响随着入口温度的升高而急剧提升,辐射对叶片温度场影响较大的位置出现在叶片温度较低的区域,而对高温区域的影响较小。在目前涡轮入口温度不断提升的情况下,辐射对叶片温度场的影响已经不可忽略,因此在目前传热设计过程中应将辐射的影响考虑在内。

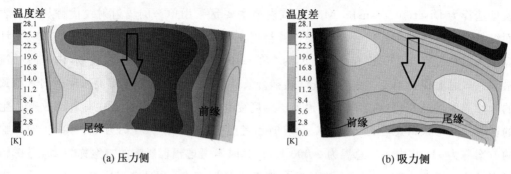

图 3.17　方案 1a 和 1b 叶片温度差异

Fig. 3.17　Temperature difference of plan 1a and 1b

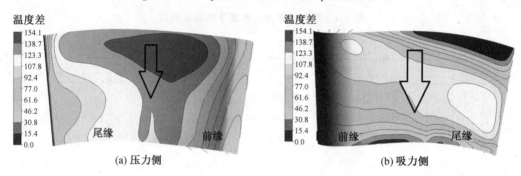

图 3.18　方案 2a 和 2b 叶片温度差异

Fig. 3.18　Temperature difference of plan 2a and 2b

3.2.4　壁面传热条件影响

在涡轮常规气动设计初期与优化过程中,往往对壁面采用绝热边界进行处理,采用该种处理方式忽略了叶栅流道内壁面附近的温度边界层与速度边界层之间的相互作用。这种简化方式对于来流温度较低,并且不需要冷却结构的涡轮是可以接受的,但是对于目前来流温度较高且存在有效冷却的涡轮叶片,通过绝热条件计算得到的壁面温度与实际壁温相差较大,其温度的变化对气体物性的影响不可忽略,如温度边界层的变化会对气体的黏性产生较大的影响,进而影响边界层内的摩擦损失,影响涡轮的整体效率。

本节通过对 3.2.3 节提及的涡轮在不同壁面边界条件下进行计算,考察壁面边界条件改变对该列涡轮气动性能带来的影响,进而为大冷气量涡轮的气动计算提供一定的参考,工质物性见式(3.1)～式(3.3)。

计算分 3 个方案进行,原方案为对该叶片在绝热条件下进行计算;方案 1 为对该叶片壁面赋予第一类边界条件后进行计算,初步预估该涡轮由于冷却结构的存在可以使静叶温度下降 600 K,动叶温度下降 400 K,计算过程中对边界条件进行简化,均匀给定叶片温度场;方案 2 对壁面采用第三类边界条件进行处理,在预估工质温度的基础上给定工质与壁面间的传热系数为 2 000 W/(m² · K)。计算湍流模型与 3.2.3 节相同,计算过程中未考虑辐射影响。表 3.5 为不同方案计算得到的该涡轮气动效率与叶栅流量以及叶片表面平均温度,表中效率 η_t 定义见式(3.6)。

η_t 为涡轮效率,定义如式(3.6),式中 ρ_T 为涡轮总功率,G_Γ 为涡轮入口燃气流量,G_{B_i} 为第 i 股冷却空气流量,k 为气体绝热指数,下标 Γ 为主流燃气标志,下标 B 为冷却气体标志。

$$\eta_t = \frac{p_T}{G_\Gamma H_\Gamma + \sum G_{B_i} H_{B_i}} \tag{3.5}$$

其中,$H_\Gamma = C_{p_\Gamma} T_{0,\Gamma}^* [1 - (p_2^* / p_{0,\Gamma}^*)^{(k_\Gamma - 1)/k_\Gamma}]$; $H_{B_i} = C_{p_B} T_{0,B_i}^* [1 - (p_2^* / p_{0,B_i}^*)^{(k_B - 1)/k_B}]$

表 3.5　不同方案叶栅气动效率与流量

Table 3.5　Efficiency and mass flow of different plans

	原方案	方案 1	方案 2
$\eta_t / \%$	83.93	82.76	83.43
$m/(\mathrm{kg \cdot s^{-1}})$	5.394	5.411	5.404

从表中数据可知,该涡轮相对于原方案,方案 1 的气动效率下降 1.17%,流量上升 0.32%;方案 2 的气动效率下降 0.5%,流量上升 0.19%。

从壁面温度改变对流道内参数的影响来看,温度的变化导致叶栅流道内马赫数和压力均有了较大的改变,而这些参数的变化基本具备两个特点:

(1)从静叶叶片表面的马赫数分布和压力场分布来看,变化较大的区域均位于叶片吸力侧喉部位置附近以及上下端壁附近,而整个压力侧和吸力侧喉部位置之前的区域差异较小,其中原方案和方案 1 的叶片马赫数差异和温度差异如图 3.19 和图 3.20 所示,原方案和方案 2 的差异与之相似。

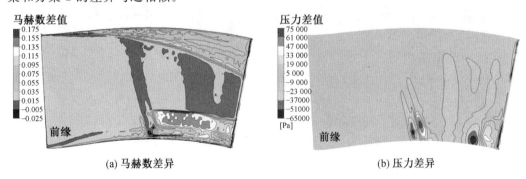

(a) 马赫数差异　　　　　　　　　　　　　　(b) 压力差异

图 3.19　方案 1 和原方案静叶吸力侧马赫数与压力差异

Fig. 3.19　Stator suction side parameters difference of original plan and plan 1

(2)壁面温度边界条件的变化对马赫数的影响主要体现在边界层内部,在喉道位置处的边界层内部的影响达到最大,而对主流区域的影响较小;对压力的影响,同样在喉道位置处达到最大,不同的是其影响最大的位置超出了边界层,由喉道位置的边界层内部延伸至主流区域,并且叶片其余位置的边界层内部压力基本没有变化。其中静叶的马赫数与压力差异由图 3.21 可以看出,截面位置为静叶 15% 叶高的 S_1 流面;动叶的马赫数和压力

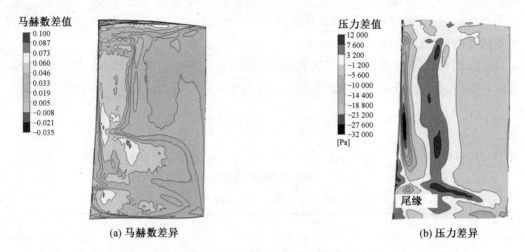

(a) 马赫数差异　　　　　　　　　　　　(b) 压力差异

图 3.20　方案 1 和原方案动叶吸力侧马赫数与压力差异

Fig. 3.20　Rotor suction side parameters difference of original plan and plan 1

差异由图 3.22 可以看出,截面位置为动叶 45% 叶高的 S_1 流面。图 3.23(a) 为静叶 15% 叶高处压力分布,图 3.23(b) 为动叶 45% 叶高处压力分布,从图 3.23 中可以看出,不同方案压力最大差异位置出现在压力分布的最低压力点与之后的区域,对于动叶,叶片前部区域压力分布也存在一定差异。

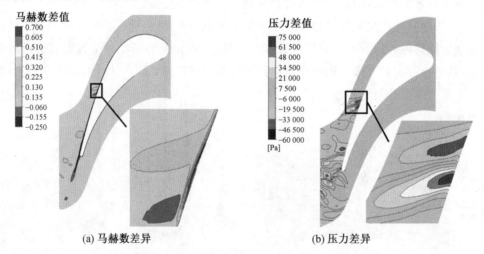

(a) 马赫数差异　　　　　　　　　　　　(b) 压力差异

图 3.21　方案 1 和原方案静叶 15% 叶高处马赫数与压力差异

Fig. 3.21　Parameters difference of original plan and plan 1 at 15% spanwise of the stator

由上述分析可知,在针对气冷涡轮气动效率计算中,壁面实际温度与绝热计算得到的壁温存在较大的差异,对流动马赫数和压力分布产生了影响,尤其是在对气动效率影响较大的喉道位置处和尾缘处影响达到了最大,使得涡轮效率有了显著变化。壁面温度的变化对马赫数的影响在喉道处边界层内达到最大,对压力的影响则是在喉道处与尾缘处由边界层延伸到主流区域并且在主流区域达到最大,而在其余位置,无论边界层内还是主流

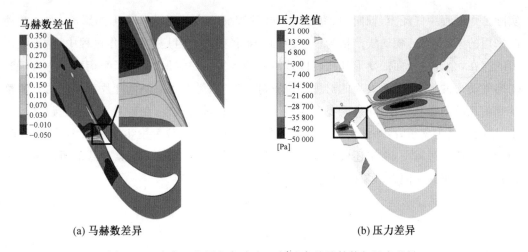

(a) 马赫数差异　　　　　　　　　　　　　　　(b) 压力差异

图 3.22　方案 1 和原方案动叶 45％叶高处马赫数与压力差异

Fig. 3.22　Parameters difference of original plan and plan 1 at 45％ spanwise of the rotor

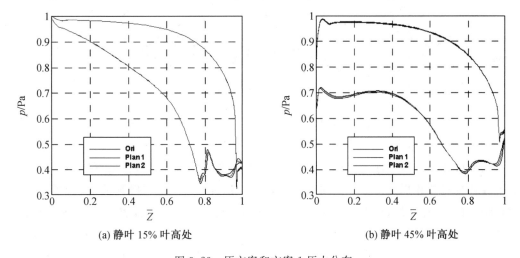

(a) 静叶 15% 叶高处　　　　　　　　　　　　(b) 静叶 45% 叶高处

图 3.23　原方案和方案 1 压力分布

Fig. 3.23　Pressure distribution of original plan and plan 1

区域均无明显变化。

　　在针对气冷涡轮气动设计初期以及气动优化过程中,可对无气膜冷却叶片按冷却设计要求和冷却结构形式,初步给定叶片温度作为第一类边界条件进行气动计算;对存在气膜冷却叶片,按经验公式或通过管网计算得到叶片表面换热系数和气膜冷却的冷气温度,作为第三类边界条件进行气动计算。通过以上两种方式给定壁面边界条件,进一步提升气冷涡轮设计初期以及优化过程中气动计算精度。

3.2.5　叶型积迭位置变化造成的影响

　　涡轮的设计过程中,气动设计人员将各个造型截面的积迭位置放在特定的积迭线上,形成完整的叶片。在积迭过程中,气动设计人员由于知识体系的局限性往往忽略了叶片实际工作过程中气动力、轴向力、离心力与叶片表面应力等对叶片变形的影响,如针对动叶采用的重心积迭,积迭线严格为子午面的一条径向线。但是实际工作过程中,由于上述力的存在,会导致型面的变形和扭转以致重心位置发生一定偏移;为了平衡离心力力矩和周向气动力的力矩,需要人为的对重心位置进行调整;另外为了降低叶片表面应力并调整叶片前几阶的固有频率,同样需要人为的对重心位置进行调整;在针对气冷涡轮设计过程中,该问题更为突出,冷却结构的存在使得整个叶片的重心位置发生了更大偏移,而在气动设计与造型过程中,由于还没有进行冷却结构的具体设计,这一因素导致的重心偏移是未知的。关于这一问题形象的说明如图 3.24 所示。

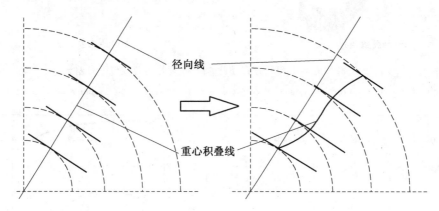

图 3.24　重心调整前后积迭线对比

Fig. 3.24　Stacking line comparison

气动设计和冷却设计完成后,叶片需提交给强度设计人员进行强度校核,其中一项重要内容就是对叶片积迭位置和扭曲量进行调整。这种调整势必对叶片的气动性能产生一定影响,对于冷却叶片,这种调整对冷却效果也会产生一定影响,尤其是会影响气膜孔喷射冷气的分布。

本节针对上述问题对重心调整前后的某两级气冷涡轮进行数值模拟来确定重心调整对涡轮气动与传热性能的影响。书中的两级高低压气冷涡轮,总冷气量占涡轮入口流量的 20.08%,网格总数为 660 万,其工质物性与湍流模型选择与 3.2.2 节中算例相同,该涡轮的整体参数见表 3.6,该涡轮通流形式如图 3.25 所示。

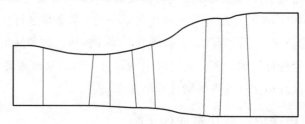

图 3.25　高低压涡轮通流形式

Fig. 3.25　Meridional channel of high and low pressure turbine

表 3.4 为各叶片重心调整后造型截面的轴向偏移量和周向偏移量的相对值,第一级静叶并没有进行调整,其中 $\Delta \bar{l}$ 与 $\Delta \bar{t}$ 的定义如式(3.6)和(3.7)所示,Δl 为造型截面轴向的绝对偏移量,B 为该造型截面的叶片轴向弦长,Δt 为造型截面的周向偏移量,R 为该造型截面的半径。本节中并未考虑由于结构强度调整导致的叶片扭曲量的变化对气动与传热的影响,而仅考虑轴向位置和周向位置变化带来的影响。

$$\Delta \bar{l} = \Delta l / B \tag{3.6}$$

$$\Delta \bar{t} = \Delta t / R \tag{3.7}$$

表 3.6　某高低压涡轮换算后转速流量

Table 3.6　Speed and mass flow of high and low pressure turbine

	单位符号	第一级	第二级
$N/\sqrt{T_0^*}$	$\mathrm{rad \cdot s^{-1} \cdot K^{-\frac{1}{2}}}$	23.22	20.09
$W\sqrt{T_0^*}/p_0^*$	$\mathrm{g \cdot K^{\frac{1}{2}} \cdot s^{-1} \cdot Pa^{-1}}$	1.437	

　　将未调整的计算结果与按照表 3.7 中数据对叶片进行调整后的计算结果进行对比,其中主要的气动参数见表 3.8。

　　由表 3.7 中数据可以看出,针对该涡轮的调整幅度是极小的,并且忽略了叶片扭曲的影响,但是表 3.8 中数据显示,调整后气动效率降低了 0.11%,涡轮入口流量上升 0.20%,因此后期强度校核过程中对叶片位置的调整导致的对气动性能的影响是不可忽视的。

表 3.7　重心调整后积迭位置偏移量

Table 3.7　Offset of stacking position after adjusting the center of gravity

叶片编号	$\Delta \bar{l}$			$\Delta \bar{t}$		
	根截面	中截面	顶截面	根截面	中截面	顶截面
1S	0	—	0	0	—	0
1R	0.013 9	—	−0.035 7	0.003 6	—	0.004 6
2S	0.035 9	0.007 7	−0.003 0	−0.001 5	0.002 2	0.002 7
2R	−0.010 7	−0.041 1	−0.051 8	0.002 6	0.002 6	0.003 4

表 3.8　叶片参数调整前后气动性能对比

Table 3.8　Performance comparison between original plan and plans change the center of gravity

	第一级	第二级
FC	1.191/1.195	0.809/0.805
Ω	0.332/0.319	0.326/0.325
$\Delta h/U^2$	1.380/1.383	0.864/0.859
α_2	86.72/86.08	
η_t	88.64%/88.53%	

书中该涡轮第一级静叶存在气膜孔但是并没有对叶片位置进行调整,而第二级涡轮不存在气膜冷却,因此文中最终选择具有 6 列气膜孔且对叶片位置进行调整的第一级动叶进行传热效果的分析。叶片位置偏移对气膜冷却的影响可以从图 3.26 和图 3.27 中看出。图 3.26 是调整前后第一级动叶压力侧温度分布情况,从图中可以看出调整后叶片压力侧顶部区域和前缘区域的中部位置冷却得到改善,而根部区域略有恶化。图 3.27 为调整前后第一级动叶吸力侧的温度分布情况,从图中可以看出对叶片位置进行调整后吸力侧顶部区域传热情况略有恶化,而其余部分基本不受影响。叶片的平均温度下降 10 K,涡轮叶片位置的调整对气膜冷却产生较好的影响。

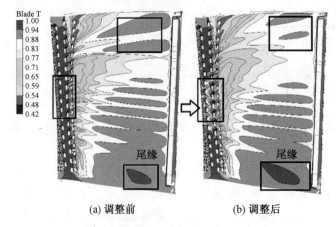

图 3.26　调整前后第一级动叶压力侧温度分布

Fig. 3.26　Pressure side temperature comparison of the first stage rotor before and after adjusting

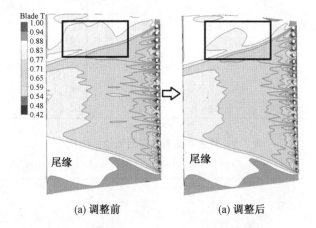

图 3.27　调整前后第一级动叶吸力侧温度分布

Fig. 3.27　Suction side temperature comparison of the first stage rotor before and after adjusting

针对该涡轮位置调整后,总体气动效率下降 0.11%,流量增大 0.2%;对第一级动叶的传热效果分析显示,由于叶片位置的调整,压力侧顶部冷却效果改善,压力侧根部和吸力侧顶部冷却效果均略有恶化,整个叶片的温度场下降约 10 K,整体冷却效果略有提升,但是应注意叶片压力侧根部是整个叶片温度最高区域,此处温度的升高对于叶片的寿命是不利的。

从本节的内容可以看出,在气动设计与传热设计过程中应当与结构强度分析相结合,以缩短涡轮整体的设计周期,并且提高气动设计和传热设计的可靠度,这一点也反映了多学科并行设计的重要性与必要性。

3.2.6　优化中计算精度与优化结果可信度

目前 CFD 已经成为涡轮设计必要的手段,但是 CFD 技术的充分发展也导致了一定的问题,缺乏经验的设计人员过于相信 CFD 的计算结果或因 CFD 计算成本较低而忽视了试验,而从上文的分析可以看到,计算过程中存在许多影响计算精度的因素。计算程序的精度、湍流模型的选择以及各种物理模型的准确性都会对计算结果产生一定的影响。因此在目前的计算条件下,CFD 计算结果仅仅是一个重要的参考,而不能完全依赖于该结果。

对于通过优化所得到的计算结果更应该慎重考核,首先在优化过程中,为保证计算速度,往往需要减少网格数,因此需要对所得的优化结果进行细网格核算;其次需要对优化结果的工程实用性进行分析,如其强度是否符合要求等;最后同时也是最重要的是需要对所得结果的流场进行分析,找到效果改善的原因,以保证计算结果符合真实物理过程,在此基础上可以适当参考优化设计的结果。

3.3　气冷涡轮损失评价方法与后处理方法

目前针对常规涡轮的气动设计流程已经较为完善,在此过程中针对常规涡轮的流场分析方法也得到了充分发展,如在设计过程中采用的损失评估方法以及针对常规涡轮设计的数据处理方式等。但对于大冷气量的气冷涡轮,若采用与常规涡轮相同的损失评价方法以及后处理方式,所得的结论易受到冷气的影响,进而影响对流动情况的准确判断。本节主要针对气冷涡轮分析过程中的损失评估方法以及后处理方式进行了研究。

3.3.1　损失评价方法

在设计体系中的三维设计与优化部分,对流场进行分析时,需要研究流场的损失分布情况,以对设计方案进行有针对性的改动。

对于涡轮流动中的损失可以采用总压损失系数与能量损失系数进行评估,Denton 在文献[133]中提及采用熵增的方式来评价。针对无冷气的常规涡轮,上述评价方式均可以达到很好的效果,通过上述方式,可以找到并修正流场中损失变化异常的位置,提升气动效率。

对气冷涡轮而言,上述对损失的评估方式存在一定缺陷,书中以熵增的评价方式进行说明,其定义见式(3.8),公式中存在 $\ln(T/T_0)$,在气冷涡轮实际流动过程中,尤其是存在气膜冷却流动过程中,冷气局部温度远低于主流区域温度,若采用熵增的方式来评估该区域损失,必会造成 $\Delta s < 0$,即低熵的冷气掩盖了掺混造成的熵增,这是违背物理本质的;实际过程中,冷气由气膜孔进入主流区域时,由于喷射速度以及温度与主流区域不同会造成较严重的掺混损失,导致流体做功能力下降,该局部区域熵增应大于 0,即 $\Delta s > 0$,从这一点可知采用熵增的方式进行流场评估是不合理的。同样,若采用总压损失系数或者能量损失系数描述多种气体掺混局部流动损失也会出现一些不合理的现象,即掺混的气体所具有的总压以及能量与主流存在较大差异从而对气动损失的评估结果造成干扰。可以说,采用由流体本身具有的物理特性而衍生的损失评价方式去评估具有掺混过程的损失是不合理的,不同流体物理特性的差异有可能会掩盖掺混过程造成的损失。

针对上述现象,提出了采用消散函数评估损失的方式,其定义见式(3.9)。消散函数可以用来表示机械功的消散率,从一个随气体流动的观察者角度看,黏性应力做功率为 Φ/ρ,即外界气体对流体微团的做功率减去 Φ/ρ,得到流体微团的动能增加率,而黏性应力所做的功则使得封闭系统的内能上升,导致流体微团的熵增。由上文的描述可知,消散函数的变化是流体微团熵变化的一个重要因素,而另外一个因素就是热量交换导致的熵的变化,这两项的影响可以由式(3.13)看出。从式中可以看出采用消散函数来评估损失,避免了 $\mathrm{D}q/\mathrm{d}t$ 项的影响,对于气冷涡轮而言,如果采用熵增的方式去评估损失分布,该项正是误差的来源。

$$\Delta s = s - s_0 = c_p \ln \frac{T}{T_0} - R \ln \frac{p}{p_0} \tag{3.8}$$

$$\Phi = \varphi_1 + \varphi_2 + \varphi_3 \tag{3.9}$$

$$\varphi_1 = 2\mu \left[\left(\frac{\partial V_1}{\partial x_1} \right)^2 + \left(\frac{\partial V_2}{\partial x_2} \right)^2 + \left(\frac{\partial V_3}{\partial x_3} \right)^2 \right] \tag{3.10}$$

$$\varphi_2 = -\frac{2}{3} \mu \, (\nabla \cdot V)^2 \tag{3.11}$$

$$\varphi_3 = \mu \left[\left(\frac{\partial V_1}{\partial x_2} + \frac{\partial V_2}{\partial x_1} \right)^2 + \left(\frac{\partial V_2}{\partial x_3} + \frac{\partial V_3}{\partial x_2} \right)^2 + \left(\frac{\partial V_1}{\partial x_3} + \frac{\partial V_3}{\partial x_1} \right)^2 \right] \tag{3.12}$$

$$T \frac{\mathrm{D}s}{\mathrm{d}t} = \frac{\mathrm{D}q}{\mathrm{d}t} + \frac{\Phi}{\rho} \tag{3.13}$$

通过模拟平板上气膜孔喷射对上述问题进行说明,计算模型如图 3.28 所示,图 3.28(a)的计算模型中冷气垂直于下端壁喷射进入主流区域,命名为模型 A;图 3.28(b)的计算模型中冷气与主流成 45°逆主流方向进入主流区域,命名为模型 B。

计算域长为 0.15 m,上下端壁间距离为 0.03 m,冷气入口圆柱直径为 0.004 m,冷气由下端壁喷出的位置距离入口距离为 0.035 m,计算域总网格为 600 万。入口燃气给定边界条件为总温为 1 800 K,总压为 1.36 MPa;每个计算模型的冷气入口存在两种不同边界条件,第一为入口总温为 1 000 K,入口总压为 1.43 MPa,对应于书中不同模型的计算

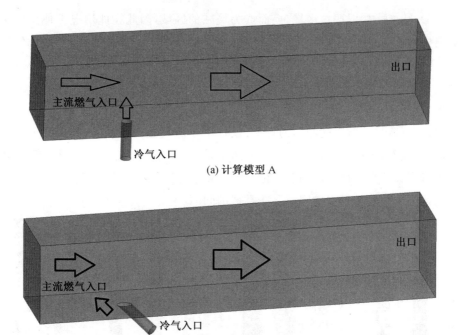

(a) 计算模型 A

(b) 计算模型 B

图 3.28　计算模型

Fig. 3.28　Different models

算例分别编号为 A1 和 B1;第二为入口总温为 1 800 K,入口总压为 1.43 MPa,对应于书中不同模型的计算算例分别编号为 A2 和 B2,其具体参数见表 3.9。

表 3.9　不同算例边界条件

Table 3.9　Calculational condition for different cases

算例编号	主流入口边界条件		冷气入口边界条件		气膜孔方向与下端壁夹角
	总温	总压	总温	总压	
A1	1 800 K	1.36 MPa	1 000 K	1.43 MPa	90°
A2	1 800 K	1.36 MPa	1 800 K	1.43 MPa	
B1	1 800 K	1.36 MPa	1 000 K	1.43 MPa	145°
B2	1 800 K	1.36 MPa	1 800 K	1.43 MPa	

　　对书中算例进行分析时,取与上下端壁平行的平面,距离下端壁的距离为 0.004 m,对该平面参数进行分析。图 3.29 为不同算例该平面的熵分布,该平面中仅仅给出了熵增的区域,即通过熵评估所得到的损失增加的区域,空白区域为熵减区域;图 5.30 为不同算例该平面消散函数的分布。

　　下面从 3 个方面说明采用熵进行损失分布的评估的弊端:从图 3.29(a) 和图 3.29(c) 中可以看出,喷射的冷气总温为 1 000 K 时,在冷气进入流道随主流区域向下游流动过程中,由于掺混作用流体的损失应该提高,但是由于冷气温度远低于主流气体温度,由于式

(3.13)中 $\mathrm{D}q/\mathrm{d}t$ 项,掺混严重区域,反而成为熵减的区域,因此在此情况下使用熵来评估流场的损失是不合适的;由图 3.29(b)和图 3.29(d)的对比中可以看出,在喷射气体总温为 1 800 K 时,这种情况得到了缓解,但是整个流场仍然有较大的区域存在熵减的情况,并且其熵增位于冷气喷射出位置下游较远位置,按照该图的分析会错误地估计最大损失出现的位置;从图 3.29(a)与图 3.29(b)的对比或者从图 3.29(c)与图 3.29(d)的对比中可以看到,对于冷气喷射方向相同的算例,仅仅由于冷气温度的不同,其熵的分布完全不同,从这一点上看,采用熵来评估损失的分布也是不合理的。上述 3 个方面说明采用熵增的方式进行损失分布的评估得到的结论与实际物理过程存在较大的误差。采用总压损失系数和能量损失系数进行评估同样存在类似的问题。

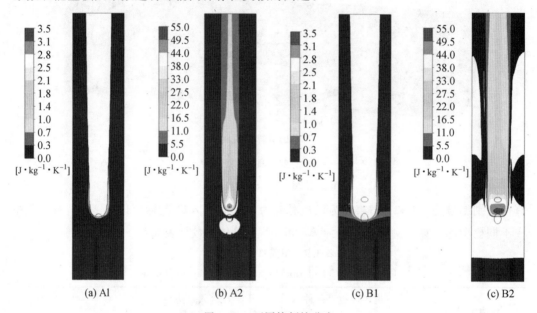

(a) Al　　　　　　(b) A2　　　　　　(c) B1　　　　　　(c) B2

图 3.29　不同算例熵分布

Fig. 3.29　Entropy distribution of different cases

　　对应于采用消散函数的方式去评估流场内损失的分布情况,从图 3.30 消散函数的分布可以看出,消散函数在整个流场的分布均为正值,对应于整个流程均存在黏性应力做功,并且其在冷气喷射的位置附近达到最大值,而该区域的掺混损失是最严重的,与采用熵评估的方式相比,采用消散函数评估损失分布从总体分布上看是合理的;采用消散函数评估损失的分布,其最大值出现在喷射位置略偏下,并且随着向下游的发展,高损失区出现在喷射孔两侧,而不是集中于喷射孔的正下游区域,这一点也与采用熵评估损失分布得到的结论差异较大,从物理过程上看在冷气喷射处气膜孔两侧会形成一对肾形涡,正是由于这一对肾形涡的作用,造成其最大损失区域位于气膜孔两侧,因此从最大损失出现位置上看,采用消散函数评估损失是较为合理的;由图 3.30(a)和图 3.30(b)或者图 3.30(c)和图 3.30(d)的对比可以看到对于喷射方式接近的算例,其消散函数的分布形式是类似的,但由于喷射的冷气温度的不同,在局部区域仍然存在一定差异,这一点与采用熵进行损失评估的方式相比也更加符合实际的物理过程。

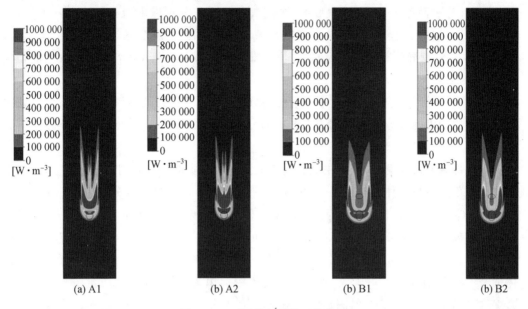

(a) A1　　　　　(b) A2　　　　　(b) B1　　　　　(b) B2

图 3.30　不同算例消散函数分布

Fig. 3.30　Dissipation function distribution of different cases

　　由以上的分析可知,在存在冷气喷射情况下,采用消散函数对损失分布情况进行评估更加符合实际物理过程,可以指导气冷涡轮的流场分析,有针对性地对三维流场细节进行调整,提升气动效率。

3.3.2　后处理方法

　　存在冷气喷射条件下,由于各股冷气来流条件和分布不同,在处理损失分布时需要对各部分冷气进行单独处理,不能仅仅采用"流管"的方式处理。基于上述考虑,提出"组分流管"(Components Stream Tube)法对损失沿叶高分布进行处理,如图 3.31 所示。

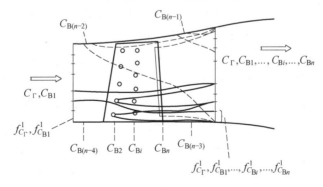

图 3.31　组分流管示意图

Fig. 3.31　Schematic diagram of components stream tube

在单列计算中,进口处存在两部分气体,主流燃气与上游中掺混的冷气,分别标识为 $C_Γ,C_{B1}$;叶片表面存在 $n-6$ 列气膜孔,各列气膜孔冷气分别标识为 $C_{B2},C_{B3},\cdots,C_{Bi},\cdots,$ $C_{B(n-5)}$;上下端壁共存在 4 个位置喷射冷气,各部分冷气分别标识为 $C_{B(n-4)},C_{B(n-3)},$ $C_{B(n-2)},C_{B(n-1)}$;劈缝处冷气标识为 C_{Bn}。出口部分气体为主流燃气与各部分冷气的混合气体,标识为 $\text{Gas},C_1,\cdots,C_i,\cdots,C_n$。

叶栅入口处气体按照等流量原则沿叶高分为 M 份,每一份质量流量为 G_{in};出口处按照等流量原则沿叶高分为 m 份流体,每一部分质量流量为 G_{out},为处理数据准确性应有 $m\leqslant M$。

以根部第一份为例,入口处主流燃气与上游冷气的质量分数分别为 $F_{C_Γ}^1,F_{C_{B1}}^1$;对应于出口处根部第一份流体共包含 $n+1$ 份气体,其中各部分的质量分数分别为 $f_{C_Γ}^1,f_{C_{B1}}^1,\cdots,$ $f_{C_{Bi}}^1,\cdots,f_{C_{B(n-1)}}^1,f_{C_{Bn}}^1$,上标数字为沿叶高第一份流体的标识,下标为不同冷气成分标识,这样可以确定每一部分流体中不同气体所占的比例;该部分流体的平均速度为 w^1,平均静压为 p^1。下一步需要确定该部分流体中每一部分气体的焓降,即需要确定每一部分气体的来流状态,则对应于出口处第一份中流体中标识为 C_1 的冷气的质量流量为 $G_{out}\times$ $f_{C_{B1}}^1$,对应于入口处应存在 k,满足

$$1\leqslant k\leqslant M \tag{3.14}$$

$$\sum_{j=1}^k(G_{in}F_{C_{B1}}^{j-1})\leqslant G_{out}f_{C_{B1}}^1\leqslant\sum_{j=1}^k(G_{in}F_{C_{B1}}^j) \tag{3.15}$$

$$T_{C_{B1}}^1=\Big[\sum_{j=1}^k(G_{in}T^j)\Big]/(kG_{in}) \tag{3.16}$$

$$p_{C_{B1}}^1=\Big[\sum_{j=1}^k(G_{in}p^j)\Big]/(kG_{in}) \tag{3.17}$$

$$C_{p,c_{B1}}^1=(C_{p,c_{B1,in}}^1+C_{p,c_{B1,out}}^1)/2 \tag{3.18}$$

$$C_{V,c_{B1}}^1=(C_{V,c_{B1,in}}^1+C_{V,c_{B1,out}}^1)/2 \tag{3.19}$$

$$\gamma_{C_{B1}}^1=C_{p,c_{B1}}^1/C_{V,c_{B1}}^1 \tag{3.20}$$

则对应于出口处根部第一份流体标识为 C_{B1} 的冷气的来流条件(入口总温与总压)可以写为式(3.16) 与式(3.17) 的形式。由于计算过程中为变比热容计算,因此比定压热容和比定容热容分别标识为式(3.18) 与式(3.19),其中 $C_{p,c_{B1,in}}^1$ 与 $C_{V,c_{B1,in}}^1$ 分别为按照上述总温与总压处理方式得到的入口处的该组分冷气的比定压热容与比定容热容,则该组分的气体常数为 $\gamma_{C_{B1}}^1$,其定义如式(3.20) 所示。对于叶片表面冷却孔喷出的冷气,处理方式与上文类似,每一列以每个冷却孔为独立单元进行处理,因每列冷却孔数量 x 一般小于 m,故需要确定每个冷却孔喷出的气体在出口不同位置的分布。对于端壁喷气和尾劈缝的喷气,假定来流条件均匀,故仅需要确定这几部分气体在出口处的质量分布情况。

$$\xi^1=1-w^1w^1/(H_{C_Γ}^1+\sum_{j=1}^nH_{C_{Bj}}^1) \tag{3.21}$$

$$H_{C_Γ}^1=f_{C_Γ}^1C_{p,C_Γ}^1T_{C_Γ}^1\big[1-(p^1/p_{C_Γ}^1)^{(\gamma_{C_Γ}^1-1)/\gamma_{C_Γ}^1}\big] \tag{3.22}$$

$$\sum_{j=1}^{n} H_{C_{B_j}}^{1} = \sum_{j=1}^{n} f_{C_{B_j}}^{1} C_{p,C_{B_j}}^{1} T_{C_{B_j}}^{1} \left[1 - (p^1 / p_{C_{B_j}}^1)^{(\gamma_{C_{B_j}}^1 - 1)/\gamma_{C_{B_j}}^1} \right] \qquad (3.23)$$

综上所述出口处第一份气体损失系数如式(3.21),式中 $H_{C_\Gamma}^1$ 与 $\sum_{j=1}^{n} H_{C_{B_j}}^1$ 定义方式如式(3.22)与式(3.23),依次类推可以求得沿叶高不同位置的损失系数 $\xi^1, \xi^2, \cdots, \xi^i, \cdots, \xi^m$。

在涡轮计算与设计过程中,对计算精度的研究更侧重于计算程序本身计算的方法,如湍流模型与网格无关性等,这是影响低压涡轮计算精度的重要因素。对于现代高压气冷涡轮的计算和设计,需考虑更多因素,物理模型差异对计算精度的影响更为直接,应首先考虑物理模型差异对气动与传热计算的影响,这与所搭建的设计体系实用性密不可分。文中首先针对气冷涡轮三维设计与优化平台建立过程中的软件计算精度以及物理模型误差对气动及传热性能影响进行研究,其次针对气冷涡轮损失评价方法及后处理方法进行研究,主要得到以下结论:

(1)根据以前学者的研究与经验,确定针对气冷涡轮数值模拟过程中选用带有 $\gamma - Re_\theta$ 转捩模型的 SST 湍流模型,其计算误差与试验值误差吻合较好,能较为真实地反映叶片的流动情况与传热情况。搭建优化平台时湍流模型选择为带有 $\gamma - Re_\theta$ 转捩模型的 SST 湍流模型,后续的计算也均采用该模型。

(2)在书中气冷涡轮冷气量达 26% 的情况下,采用不同的冷却工质计算对气动效率产生了 0.18% 的影响,冷却工质的差异对气动效率的影响不可忽略;不同的冷却工质对叶片表面的局部温度场影响较大,使得第一列叶片的最高绝热温度差异接近 5%;由于通道涡的卷吸作用造成的冷气集中,使得后续叶片的最高温度差异出现在通道涡的边缘区域,工质的差异对冷却效果的影响不可忽略。

(3)在 3.2.3 小节冷却结构条件下,入口温度由 1 206 K 上升到 2 000 K 时,由辐射导致的壁面最低温度由 23.81 K 上升到 134.20 K,平均温度由 10.22 K 上升到 38.17 K,热辐射的影响随着入口温度的升高而急剧提升;由辐射导致的壁面最大温差由 28.1 K 上升到 154.1 K;辐射对叶片温度场温度较低区域影响最为严重,而对高温区域的影响较小,对于书中算例其影响最大区域出现在叶片压力侧中部弦长区域。在目前涡轮入口温度不断提升的情况下,辐射对叶片温度场的影响已经不可忽略,传热设计过程中应将辐射的影响考虑在内。

(4)在针对气冷涡轮气动效率计算中,壁面实际温度与绝热计算得到的壁温存在较大的差异,壁面边界条件的给定会对气动性能产生明显影响。对于 3.2.4 小节涡轮,相对于绝热壁面,给定第一类边界条件时气动效率下降 1.17%,流量上升 0.32%;给定第三类边界条件气动效率下降 0.5%,流量上升 0.19%。不同壁面边界条件使得对气动效率影响较大喉道位置处和尾缘处的马赫数和压力分布变化较大,涡轮效率显著变化。壁面温度的变化对马赫数的影响在喉道处边界层内达到最大,对压力的影响则是在喉道处与尾缘处由边界层延伸到主流区域并且在主流区域达到最大,而在其余位置无论在边界层内还是主流区域均基本无变化。

在针对气冷涡轮气动设计初期以及气动优化过程中可对无气膜冷却叶片按照冷却设计要求和冷却结构形式初步确定叶片温度作为第一类边界条件进行气动计算;对存在气膜冷却的叶片按照经验公式或者通过管网计算得到的叶片表面换热系数和气膜冷却的冷气温度作为第三类边界条件进行气动计算。通过以上两种方式给定壁面边界条件可提升气冷涡轮设计初期以及优化过程中的气动计算精度。

(5)为满足强度需要,对涡轮积迭位置进行调整后,对气动效率和传热效果产生明显影响。3.2.5小节涡轮调整积迭位置后,总体气动效率下降 0.11%,流量增大 0.2%;对第一级动叶的传热效果分析显示,由于叶片位置的调整,压力侧顶部冷却效果改善,压力侧根部和吸力侧顶部冷却效果均略有恶化,整个叶片温度场下降约 10 K,整体冷却效果略有提升,但最高温度区域传热情况恶化。气动设计与传热设计过程中应与结构强度分析相结合,缩短涡轮整体设计周期,并提高气动设计和传热设计的可靠度,对于气冷涡轮多学科并行设计是非常必要的。

(6)书中认为采用熵增来描述气冷涡轮流动损失的方法是不准确的,应采用消散函数分析。采用消散函数对气冷涡轮损失进行分析可更准确地确定高损失区位置,对气冷涡轮的分析更具针对性。对于应用总压损失系数以及能量损失系数描述多种气体掺混局部流动损失也会出现一些不合理的现象。针对后处理过程,本章提出了"组分流管法"的思路,采用该处理方法可以考虑不同来流处冷气焓降对气动效率的影响,提升数据处理的精度。

第4章 气动优化设计体系的工程应用

4.1 某四级低压涡轮 S_2 正问题气动设计

应用上述优化、计算技术和流程对某四级涡轮进行 S_2 正问题优化设计,优化目标为在流量变化不大情况下,尽可能提高四级总效率。选择各列叶片根、中、顶 3 个基准截面的级进口、出口有效几何角(α_1、β_2)作为设计变量,共 48 个设计变量,设计变量变化范围为 $\pm 6°$。经过优化计算后,总体效率由原型的 0.896 提高到 0.912,提高约 1.6 个百分点,上述流程中各阶段优化效率及耗用时间(单核 1.7G)见表 4.1。

表 4.1 各阶段优化结果及时间

Table 4.1 Time used in each optimization stage

阶段	GA	Kriging/SA	Kriging/SA 验证	梯度法
结果	0.906 03	0.922 33	0.911 504	0.912 240 5
时间	600×1.5 min	约 1 h	1×1.5 min	28×1.5 min

优化计算时间主要用于 Kriging 建模的前期数据积累,即遗传算法优化时间,但近似建模对特定问题具有可重用性,即本例中根据 α_1、β_2 建立的近似模型可以用于以后各种基于 α_1、β_2 为设计变量的 S_2 正问题优化计算,这样计算时间就会大大减少。

表 4.2 各级反动度分布

Table 4.2 React degree of each stage

	原型			改型		
	根部	中径	顶部	根部	中径	顶部
一级反动度	0.258	0.309	0.466	0.228	0.189	0.364
二级反动度	0.293	0.359	0.441	0.428	0.468	0.472
三级反动度	0.328	0.363	0.402	0.277	0.209	0.259
四级反动度	0.242	0.275	0.420	0.339	0.387	0.459

从表 4.2、表 4.3 可知,优化后反动度与功分配都有比较大的变化。优化后的第一、二级功率下降,第三、四级功率提高,第四级效率明显提高。这一计算结果从分析看是可行的,第一、二级轮周速度偏小,特别是第一级二次流损失所占比例比较大,这两级功应有所减少。第三、四级,正相反轮周速度偏大,应进一步提高功率,特别是第四级 Re 数比较

低,提高负荷与反动度是合理的。

图 4.1、图 4.2 为主要的参数优化前后对比图形,从图中可知:沿叶高优化方案,静叶出口气流角沿叶高减少与可控涡设计思想吻合,只是气流角变化大一些。对动叶出口气流角与可控涡设计思想基本吻合,一些级动叶顶部出口气流角略有增加,这是减少端区二次流损失的需求。这些参数的变化使损失沿叶高变化比较大。

表 4.3　各级功率和效率

Table 4.3　Power and efficiency of each stage

	单位	原型	改型
第一级功率	MW	2.090 138	1.840 236
第二级功率	MW	2.334 082	2.075 376
第三级功率	MW	2.274 361	2.550 818
第四级功率	MW	1.614 076	1.820 277
第一级效率		0.866 445 5	0.857 779 8
第二级效率		0.885 147 5	0.888 576 9
第三级效率		0.883 608 6	0.884 585 0
第四级效率		0.856 430 5	0.932 310 8
总效率		0.896 226 6	0.912 240 5

4.2　某船用燃机五级动力涡轮气动设计

根据船用涡轮的运行特点,该五级涡轮的气动设计应满足以下几个方面的要求:达到设计点所要求的性能,如流量、膨胀比(由热力循环及总体方案确定)和气动效率等;在达到设计点所要求性能的基础上,具有宽广平稳的变工况性能;满足总体对尺寸、质量的要求,并且尽可能使结构简单、制造方便;尽量选用较为成熟的技术方案,以减少调试工作量,缩短研制周期;尽量采用亚声速级设计,避免采用跨声速级设计。

4.2.1　一维设计与优化

针对该涡轮的一维设计主要是在总体尺寸基本限定之后对涡轮的级数进行评估,该涡轮流道采用等内径、外径渐扩的设计方式。一维设计过程中对 4 级方案、5 级方案和 6 级方案在不同转速情况下进行初步评估,最后综合安全性、可靠性和经济性各方面指标选择 5 级方案作为最终的设计方案。其中折合后的转速与流量见表 4.4。从表中数据可以看到,该涡轮转速低,流量大,级数多,膨胀比小,符合船用涡轮追求高效率、高可靠性的特点。

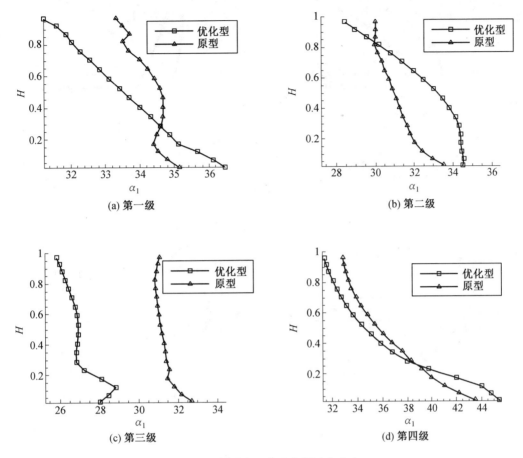

(a) 第一级　　　　　　　　(b) 第二级

(c) 第三级　　　　　　　　(d) 第四级

图 4.1　静叶出口气流角沿叶高分布

Figure 4.1　Outlet flow angle distribution along height of stators

表 4.4　某船用五级动力涡轮换算转速流量及膨胀比

Table 4.4　Speed, mass flow and expansion ratio of 5—stage marine power turbine

参数	单位符号	
$N/\sqrt{T_0^*}$	$\mathrm{rad \cdot s^{-1} \cdot K^{-\frac{1}{2}}}$	10.20
$W\sqrt{T_0^*}/p_0^*$	$\mathrm{g \cdot K^{\frac{1}{2}} \cdot s^{-1} \cdot Pa^{-1}}$	5.65
π^*		4.88

　　在级数和总体尺寸确定之后需要采用一维设计的方法确定该涡轮的设计特点与总体参数,该涡轮的方案设计仅仅考虑了设计点工况。基本方案确定之后,采用自适应模拟退火算法(ASA)对该设计方案进行优化,该涡轮的优化变量为各级的功率分配系数和反动度,优化过程中同样只针对设计点工况,而没有考虑变工况的性能。优化前后参数对比见表 4.5。

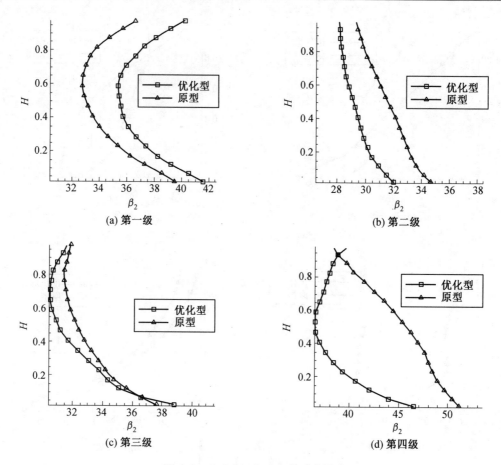

图 4.2　动叶出口气流角沿叶高分布

Figure 4.7　Outlet flow angle distribution along height of rotors

表 4.5　优化前后参数对比

Table 4.5　Optimized plan and original plan parameters comparison

	第一级	第二级	第三级	第四级	第五级
FC	0.94/0.90	0.98/0.96	1.02/0.98	1.03/1.02	1.04/1.14
Ω	0.42/0.40	0.45/0.41	0.46/0.41	0.38/0.35	0.29/0.27
$\delta h/U^2$	1.31/1.26	1.30/1.27	1.30/1.25	1.29/1.26	1.26/1.36
U/C_1	0.76/0.76	0.80/0.78	0.82/0.80	0.78/0.78	0.75/0.71
η	91.32%/91.28%	92.14%/92.15%	92.44%/92.44%	92.64%/92.67%	92.53%/92.76%
α_2			90.10/87.00		
η_t			93.01/93.07		

　　一维程序中对于损失的估算,严重依赖于损失模型的准确度。由于该程序中采用的损失模型仍需要进一步完善,因此程序计算的功率分配系数和级负荷系数不够准确,但是

这种不准确性不会影响最终设计,S_2 以及三维设计与调整中会逐渐消除这种影响。一维计算中需要根据设计目标掌握设计方案的特点,以最终完成一维方案设计,从表 4.2 中可以看到本方案的特点:速比较大;级负荷系数不高,属于中等负荷涡轮,反动度较高。

从优化结果看,前 3 级负荷优化后有所下降,第四级变化很小,第五级提高比较大,反动度均有下降。最后一级负荷提高后,由于最后级马赫数提高级效率有一定提高,末级的气流角也由于负荷的提高而略有下降。但是从总效率上看,优化前后的效率变化不大。原方案经过长时间的设计与调整,优化结果改善并不明显。从设计角度看优化前后两个方案均有价值,考虑该涡轮大多数情况是在低工况下工作的特点,选择优化前的方案作为下一步设计工作的基础。

4.2.2　S_2 设计与优化

在一维计算基础上,本章针对该五级涡轮进行了 S_2 流面的设计与优化。文中 S_2 流面计算为正问题计算,在计算前需要对叶片的几何参数进行设计。

针对该五级涡轮 S_2 计算的初始方案参数的确定按照以下原则:由一维计算初步确定造型参数,参考简单径平衡方程的计算结果,初步给定各列叶栅出口气流角沿叶高变化。在设计过程中考虑动叶入口角度变化不大,且属于多级计算,未采用一般可控涡设计思想,基本采用等出气角的设计方案,同时为保证末级的轴向出气,动叶出口相对气流角沿叶高方向降低较为剧烈,该方案为设计方案 1。该方案的流道以及子午面马赫数分布云图如图 4.3 所示,S_2 计算过程中未考虑该涡轮与过渡段衔接的子午扩张问题,在涡轮入口处采用平直的入口段。

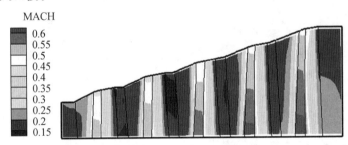

图 4.3　设计方案子午面马赫数分布

Fig. 4.3　Mach number of 5−stage marine power turbine meridional side

针对方案 1 设计完成后,对该方案进行优化,优化过程中采用多岛遗传算法。在 S_2 流面计算中主要确定几何与气动参数沿叶高分布,尤其是出口气流角沿叶高的分布,因此优化过程中选择各列出口气流角为优化变量,为消除计算过程中由于叶型几何变化导致的匹配变化引起的计算不稳定性,将入口几何角也作为优化变量,约束流量(±0.5%)和末级绝对出口气流角(±5°),目标函数为气动效率最高。

优化计算完成后,对优化后的方案叶型部分参数进行修正使其符合强度和工程实际的需求,如动叶的最大厚度沿叶高分布和叶型曲率等,将调整后的方案作为 S_2 的最终设计方案,也是方案设计的最终方案。

　　优化前后参数变化以第一级和第五级为例,从图 4.4 中可以看出,第一级静叶出口气流角沿叶高绝对值和扭曲量有所降低。第一级动叶扭曲量降低,动叶出口相对气流角沿叶高变化量减小,平均半径处角度略有增加,对于第一级涡轮,优化后反动度和速比有所下降,级负荷系数几乎不变。对于第五级优化后气流角沿叶高变化较为剧烈,根部出口气流角明显增加,在一定程度上降低了该级负荷,而处于低工况状态时,末级受影响较大,为保证功率以及效率,保持了末级的低负荷。

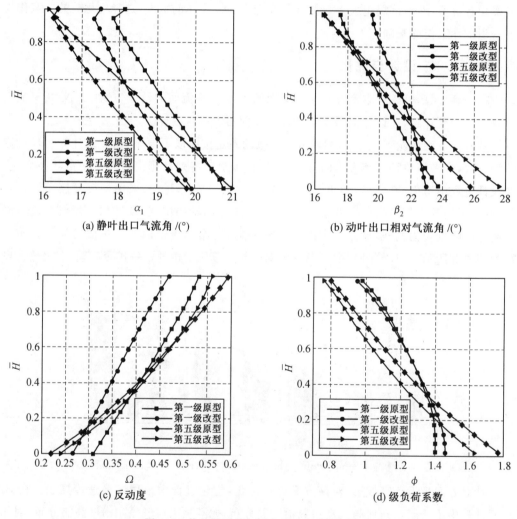

图 4.4　优化前后第一级和第五级参数对比

Fig. 4.4　original and optimized plan comparison of the first stage and fifth stage

　　该五级涡轮经过优化后效率提升约 0.1%,基本与原型方案相同,相对于一维优化效果略有提升。优化后方案的设计特点发生了一定变化,第一级反动度略有下降,后四级反动度变化较小。优化后整个涡轮的负荷向中间级集中,第一级和第五级负荷均有所下降,第三级和第四级提升明显。考虑到第一级叶片较短，圆周速度较小，负荷的降低有利于效率的提升，末级虽然圆周速度较大，可以适当加大负荷，但是考虑到变工况与轴向出气的因素，末级负荷低于第三级和第四级。优化后的方案末级出口气流角由原来的84°提升到87°，更加接近于轴向出气。综合以上因素，虽然优化后的方案相对于原方案改善不大，但是从 S_2 程序的计算精度和变工况的因素考虑选择优化后的方案作为方案设计阶段的最终方案。

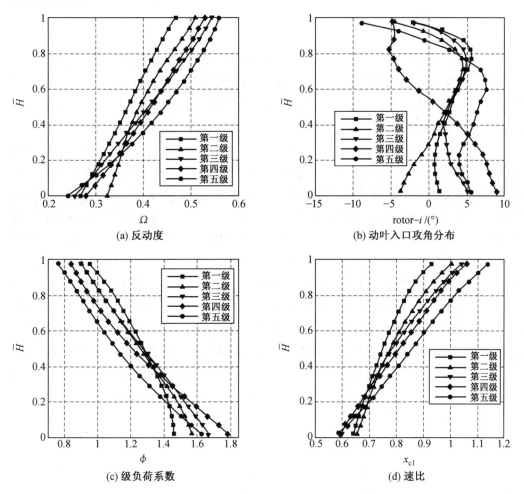

(a) 反动度　　　　　　　　　　　　　(b) 动叶入口攻角分布

(c) 级负荷系数　　　　　　　　　　　(d) 速比

图 4.5　优化后方案性能

Fig. 4.5　Performance of the optimized plan

由图 4.5 可以看到该涡轮方案设计阶段的最终特点如下：该方案的各级负荷较小；反动度较高；膨胀比与转速较低，属于低马赫数条件下设计（图 4.3），各级中径处速比介于 0.75～0.85；功率分配呈现出"两端小中间大"的特点。以上的设计特点与变工况设计特点是相适应的。

S_2 的计算对于损失的估算与一维相比较为准确，通过对 S_2 方案的优化与几何参数的调整,涡轮整体设计特点与参数沿叶高的分布趋势更为明确,故将该方案作为方案设计的最终方案。三维设计过程中已经不再参考一维设计的结果,而直接将方案设计最终阶段的方案作为三维设计的初始方案。

由图 4.5(b)可知动叶进口存在一定的冲角,介于 $-10°\sim10°$ 之间,属于 S_2 计算和设计可接受范围。S_2 计算的主要作用是给定参数沿叶高的分布,可在三维流场细节调整时解决小冲角问题,这种设计思路也体现分层次设计和优化的概念。

4.2.3　三维设计与优化

三维设计首先是对回转型面、子午型面与侧型面的设计与分析,其次是 3 个型面匹配问题以及叶列和级间的匹配问题。在三维设计与优化过程中首先应当分析的是总参数和沿叶高参数分布的合理性,在保证上述参数合理的基础上对流场进行细节分析,应杜绝三维设计过程中直接对三维流场细节进行分析修正的做法。

本节该五级涡轮三维设计与优化采用 Numeca 软件在定常条件下进行。三维计算之前首先应当考核计算所用程序的准确性,张华良博士对该软件湍流模型、网格数以及网格的 Y^+ 值对流场细节以及对能量损失系数的影响进行了细致的研究,研究指出单列网格数在 40 万以上时,能量损失系数的变化并不明显,这一点与设计过程中效率的计算精度密切相关。在本书的设计过程中,单列叶栅网格数在 50 万左右,总网格数为 500 万,采用二阶中心差分格式,湍流模型采用一个方程模型 Spalart－Allmaras,Y^+ 在 $1\sim10$ 之间。

设计过程中,将原型四级涡轮作为校核算例,经过校核采用上述计算模型流量和功率满足精度的要求,但采用变比热程序处理后的等熵滞止效率低于该四级涡轮的实际等熵滞止效率,针对这种情况,设计过程中采用了对比设计的方法,即新设计的涡轮等熵滞止效率的计算值与实际要求设计值之差应小于原四级涡轮效率计算值与实际值之差。

该五级涡轮三维初始叶型采用方案设计最终结果的叶型,即上文提到的优化后进行微调以符合工程实际要求的叶型。改型和优化时采用 Numeca 软件下的 AutoBlade 模块将其参数化,通过对参数化叶型调整进行三维设计与优化。

4.2.3.1　总体参数合理分布

三维设计过程中,首先需要保证基本参数分布得合理,这是三维设计中应首先注意的重要部分,后续的工作都需要以该部分工作作为基础。只有在保证总体参数合理的基础上,对设计方案的流场细节调整才能更有效地提升涡轮的整体性能。

对于该五级涡轮总体参数调整应把握以下原则:流量符合设计要求;保证末级出口气流角轴向偏差小于 5°;为适应多工况运行,保证较高的反动度;为保证效率和变工况,合理分配各级功率,由图 4.6(a)可以看出该涡轮功率分配为第一和第二级较低,第三和第四级较高,最后一级较小;控制各列损失与各级效率相差较小,即损失的分布较为均匀。

4.2.3.2　沿叶高参数分布与级、叶列匹配调整

三维设计过程中,需考虑参数沿叶高的合理分布,这是三维设计过程中的另一个重要

方面。在 S_2 流面的设计过程中已经基本确定了参数沿叶高的分布,但是受制于 S_2 流面计算程序、计算精度和损失模型的影响,三维计算所得的参数沿叶高的分布与 S_2 设计所得到的参数沿叶高的分布并不完全相同,因此需要在三维设计与计算过程中对参数沿叶高的分布进行重新调整。

该涡轮沿叶高参数调整的原则如下:考虑主流、二次流、端壁效应对出口气流角的影响,控制各列出口气流角沿叶高变化尽量均匀;通过调整各列入口气流角微调各列攻角与匹配,尽量降低动叶的扭曲量;控制各级反动度,顶部不能太高,根部不能太低,以保证变工况时不会出现根部负反动度;控制各列损失沿叶高分布均匀,降低二次流损失;控制级负荷系数沿叶高分布均匀。

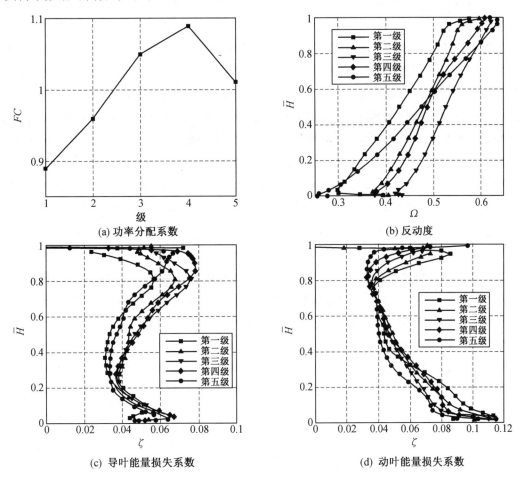

图 4.6　最终方案设计特点

Fig. 4.6　Design feature of the final plan

从图 4.6 可以看出反动度以及各列叶栅能量损失系数沿叶高的分布。图中可以看到三维设计后保持了高反动度的特点,由于反动度较高,导叶的能量损失系数低于动叶的能量损失系数;各列叶栅沿叶高的能量损失系数较低,而且无论是各列导叶之间还是各列动叶之间能量损失系数均非常接近,这样的设计特点保证了各级的设计效率较高且较为接近,有利于整体效率的提高。

4.2.3.1节和4.2.3.2节构成了三维设计中方案设计与调整的内容。该部分内容决定了设计方案是否能够达到设计要求,而后续流场细节分析与调整是在此基础上精益求精的过程,因此三维设计过程中总体参数分析和沿叶高参数分析是三维设计过程中最基础的内容。在方案设计达到要求后进入更细致的工作,对流场细节、匹配和损失进行调整。

4.2.3.3　针对工程设计初步分析

工程设计初步分析过程,主要参考了4.2.3.2节中不同叶高处损失分布,并对叶片表面压力分布进行分析。

本章以第二级涡轮为例进行初步工程分析,其中图4.7(a)为第二级导叶3个截面(5%、50%、95%叶高)的压力分布,4.7(b)为第二级动叶3个截面(5%、50%、95%叶高)的压力分布。从图4.7(a)和4.7(b)可以看出,该级涡轮的压力分布并非典型的后加载形式,而是载荷分布较为均匀,叶片后部载荷略有增加,相对于典型的后加载叶型,主流区域该种载荷加载方式有利于变工况性能的提高。从压力分布可以看出叶片尾部的压力波动很小,因此其尾迹损失很小,损失的主要来源应是叶型摩擦损失和二次流损失。从图4.7(c)中可以看出叶栅总损失和尾迹损失沿叶高分布,而两者之间的区域就代表了叶型损失和二次流损失,从图中也可以看出相对于尾迹损失,叶型损失和二次流损失是总损失的主要来源,尤其在动叶根部,该部分损失较大,在对叶型进行调整时,可以根据不同区域以及该区域损失的主要来源进行,使得对叶型的改进工作方向性更强。

针对工程分析的过程中,一个重要内容是对叶片压力分布分析与调整,在压力分布形式确定的情况下,尽量降低逆压力梯度段长度与强度,以避免或削弱分离流动出现。同时在工程分析过程中,应针对损失分布中高损失区进行调整,而且在工程分析过程中应分析各部分损失所占总损失的比例,使改动工作更具有针对性。

4.2.3.4　流场结构分析

本章中流场结构分析主要分为两部分内容:参考S_1流面和S_2流面的流场对结果进行分析,通过这两种流面上的拟流线、马赫数和压力分布来确定流场的分离状况和损失沿弦向的分布;参考S_3流面的参数分布,如涡量等参数来确定流场中通道涡、泄漏涡、壁角涡等涡系结构的强度与尺度等。通过上述两部分内容的流场分析对设计方案进行修改以对分离和损失进行控制。

由于在涡轮内的流动是顺压力梯度流动,书中该涡轮的每一级负荷均较低,而且在针对工程设计初步分析中重点解决了逆压力梯度段的长度和强度问题,因此该涡轮的设计中主流区域并没有明显的分离现象发生。书中仍以第二级涡轮为例对流场结构分析进行简单说明,图4.7(d)与图4.7(e)分别为第二级导叶与动叶壁面极限流线图,图4.7(f)为

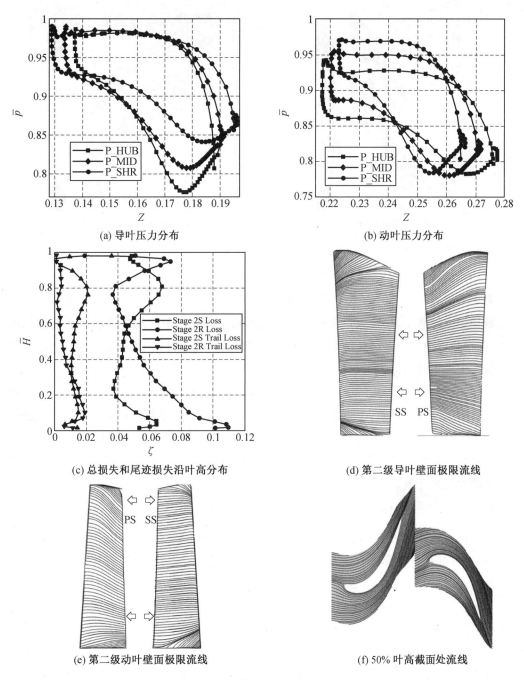

(a) 导叶压力分布　　　　　　　　　(b) 动叶压力分布

(c) 总损失和尾迹损失沿叶高分布　　　(d) 第二级导叶壁面极限流线

(e) 第二级动叶壁面极限流线　　　　　(f) 50% 叶高截面处流线

图 4.7　第二级涡轮部分性能

Fig. 4.7　Part performance of the second stage

50%叶高截面流线图,从图中也可以看到,流动情况较好,主流区域并没有发生分离,因此针对该涡轮省略 S_3 面的参数分析。

图 4.8(a)和图 4.8(b)分别为第二级导叶与动叶中截面的等熵线分布,文中在无冷气涡轮流场分析过程中采用熵对损失进行分析,在损失产生区域必然伴随着熵增现象,从图

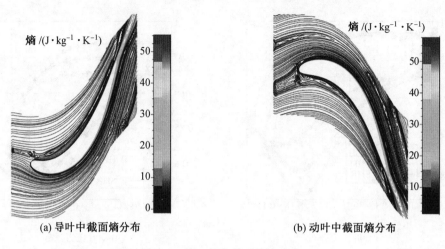

(a) 导叶中截面熵分布　　　　　　　　　　　(b) 动叶中截面熵分布

图 4.8　第二级中截面处熵分布

Fig. 4.8　Entry distribution at 50% spanwise of the second stage

中等值线可以看出整个流道主流区域内熵增现象并不明显,导叶主流区域叶片中后部局部区域存在熵增现象,动叶入口和压力面部分区域以及叶片中后部吸力侧存在局部熵增现象,在叶片吸力侧近壁面处熵增现象明显,该区域为高损失区。从图中熵的分布可以直观判断出中截面处动叶损失应略高于导叶的损失,这一点在图 4.7(c)中也得到了验证。

4.2.3.3 节和 4.2.3.4 节构成了叶片流场局部细节调整的内容,该部分工作复杂,需要进行大量反复性的调整,在方案设计合理的基础上,流场细节的调整对于气动性能的提升具有重要意义。由于该部分工作较为复杂,此处应充分发挥优化的作用,在通过分析确定损失分布以及针对的优化策略和优化目标后,就可以对叶型的造型参数进行优化,最终达到气动性能最优解。

4.2.3.5　非定常计算校核

随着目前计算能力的提升以及 CFD 技术的发展,采用非定常计算的手段对涡轮进行涡系、声学特性分析已经较为普及。从涡轮设计角度看,非定常计算中叶片尾迹之间的干涉以及尾迹对下游分离的抑制有可能对涡轮设计产生一定影响。但从目前非定常的计算周期与对非定常计算的理解来看,非定常设计方法仍不够成熟,因此在一般的气动设计过程中仍采用定常设计、非定常校核计算的方法。

本章对该五级涡轮的设计方案进行了简单的非定常计算,即采用 Numeca 软件中的非线性谐波法(Harmonic)进行非定常计算。以下仅从部分叶片的压力分布来观察定常与非定常计算的差距。

从图 4.9 可知,涡轮第一列定常计算的结果和非定常计算的结果差异较小,初步分析是由于受进口影响,参数变化不大。而其余列叶片的变化由于受非定常干扰积累的影响其非定常效应沿流向逐渐增大,变化较为明显,如图 4.10 所示。综合五级涡轮设计方案来看,对于主流区域,非定常效应使叶片的冲角略有降低,叶片整体的压力分布有所降低,特别是内弧前部的压力分布降低幅度较大,最低压力点位置略有后移,这样既保证了载荷分布形式变化不大,又使流道内的横向压力梯度有所降低,减少了由于横向二次流造成的损失,使效率有所提高。非定常计算结果显示叶片尾迹处的压力波动较小,同样存在尾迹损失较低的特点。叶顶区域变化趋势和主流区域变化趋势相同,而且其变化趋势较主流区域较大。计算结果显示,采用非定常计算结果效率与定常计算相比提升 0.25%,其中该效率 η_{is} 定义为

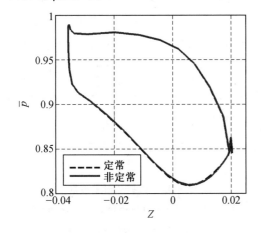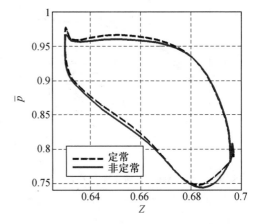

图 4.9　第一级静叶中截面压力分布　　　图 4.10　第五级静叶中截面压力分布

Fig. 4.9　Pressure distribution of the first stator　Fig. 4.10　Pressure distribution of the fifth stator

$$\eta_{is} = \frac{1 - \dfrac{T_2^*}{T_0^*}}{1 - \left(\dfrac{p_2^*}{p_0^*}\right)^{\frac{r-1}{r}}} \tag{4.1}$$

式中,T_2^* 为涡轮出口总温;T_0^* 为涡轮入口总温;p_2^* 为涡轮出口总压;p_0^* 为涡轮入口总压;r 为燃气的绝热指数。

非定常计算结果与定常计算结果在不同网格条件下效率的变化趋势是相同的,通过计算,可以看到对于该五级涡轮非定常计算的效率虽然有所提高,但是计算结果差别很小,定常计算结果是可信的。

4.2.3.6　多工况与特性计算

在对设计工况的非定常校核计算完成之后,对该涡轮的特性进行了三维计算,特性计算中采用的折合后的转速 n 和折合后的流量 G 分别为

$$n = N / \sqrt{T_0^*} \tag{4.2}$$

$$G = W \sqrt{T_{40}^*} / p_0^* \tag{4.3}$$

特性计算中 n 分别取 3.1、5.1、7.2、8.2、9.3、10.3、11.3,当 n 取 8.2、9.3、10.3、11.3 时该涡轮内的流动接近设计工况的流动,计算结果较为可信,该区域称为区域1。当 n 取 3.1、5.1、7.2 时,涡轮内存在较严重的分离流动,针对该区域的计算具有一定参考价值,

称为区域 2。

　　上述两区域的流量特性如图 4.11、图 4.12 所示。随着 n 增加在膨胀比大于 4 时,涡轮流量变化平缓,当 n 为 3.1 且膨胀比较高时,受涡轮内分离流动的影响,该涡轮的流量降低。在小膨胀比流动时为不可压流动,流量曲线趋于一致。

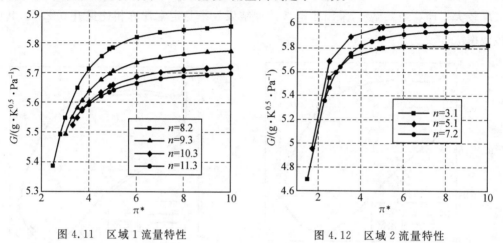

图 4.11　区域 1 流量特性　　　　　　图 4.12　区域 2 流量特性

Fig. 4.11　Flow characteristic of region 1　　　Fig. 4.12　Flow characteristic of region 2

　　图 4.13、图 4.14 为按照公式(4.1)计算的效率特性线,同样对效率的计算分为两个区域进行,n 取 9.3、10.3、11.3 时效率较高,并且最佳膨胀比随转速的降低而下降。区域 2 中相对转速较低时随着膨胀比的上升效率降低非常明显,因此对于涡轮部件来讲在低工况运行时应尽量采用低膨胀比以维持较高的涡轮效率。在设计点附近该涡轮的效率变化曲线较为平缓,基本可以保持高效率运行,具有较好的变工况特性。

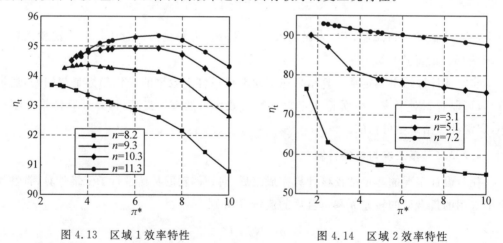

图 4.13　区域 1 效率特性　　　　　　图 4.14　区域 2 效率特性

Fig. 4.13　Efficiency characteristic of region 1　　　Fig. 4.14　Efficiency characteristic of region 2

4.2.3.7　局部气动设计与优化

　　设计过程中,针对 3 个型面的匹配问题,单纯依靠设计者的经验进行调整难以达到最优效果,而且需要大量反复性工作,而采用优化的方法根据存在的问题确定优化策略后,就基本可以确定一个较好的方案。该五级涡轮的设计过程中针对特定的问题采用了优化的方法,如针对弯叶片的选取、子午型线的设计和局部叶型调整等。受设计周期的限制,并没有对型面匹配进行最优化的设计,该部分的最优化设计更能体现出优化的作用。

(1)采用弯叶片和掠叶片的气动设计措施。

涡轮气动设计过程中弯叶片的应用是改善和控制流场的重要措施,书中气动设计考虑设计工况与非设计工况,对于弯叶片的应用采用如下方案:静叶采用弯叶片工艺简单,设计过程中均采用了弯叶片;该涡轮的静叶折转角均较大,不宜采用大弯角,设计过程中弯角取 5°左右。针对弯叶片进行数值模拟时,取涡轮前两级进行计算,单列网格 200 万左右,整个计算域共 800 万网格,计算后前两级效率提升 0.01%,但考虑针对弯叶片计算与试验的差别与部分负荷时根部反动度下降明显,采用弯叶片可控制与减少分离流,因此虽然在设计工况下弯叶片的效果并不明显,考虑到上述因素设计过程中仍采用弯叶片,但弯角较小。

由图 4.15 和图 4.16 可以看出,采用弯叶片时,吸力侧低压区位置向主流区域移动,端区附近低能流体进入主流区域,有效避免了分离的发生,尤其是在部分工况存在角区分离的情况下,弯叶片作用会更加明显。

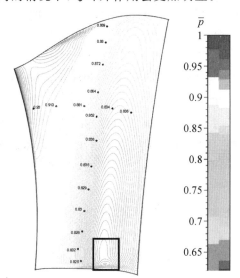

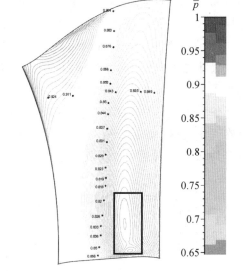

图 4.15　直叶片吸力侧压力等值线　　　　　图 4.16　弯叶片吸力侧压力等值线

Fig. 4. 15　Pressure contours of straight blade　Fig. 4.16　Pressure contours of bowed blade suc-
suction side　　　　　　　　　　　　　tion side

考虑到涡轮第一列叶片与过渡段衔接的子午扩张问题,在设计过程中,书中采用前掠叶片的设计以降低该区域由于子午扩张过大导致的突然扩压问题,其原理为通过 S_1 流面收敛位置提前,用 S_1 流面的收敛作用抵消后部子午扩张的部分效果,这样可以有效地降低顶部区域的二次流损失;通过掠叶片的设计可以有效地避免子午扩张过大导致的叶片前通道内外壁面分离流动的产生。对该列叶片顶部采用前掠设计,书中计算了多个方案以确定掠角。由图 4.17 和 4.18 压力等值线分布可以看出,采用掠叶片时压力侧压力沿叶高分布更加均匀,从图 4.19 可以看出采用掠叶片时,叶片负荷分布较为均匀,叶顶攻角降低。

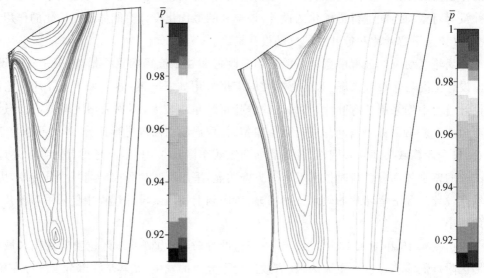

图 4.17　无掠叶片压力侧压力等值线

Fig. 4. 17　Pressure contours of non — swept blade pressure side

图 4.18　掠叶片压力侧压力等值线

Fig. 4. 18　Pressure contours of swept blade pressure side

(2)子午型线调整设计措施。

设计过程中为降低端区附近损失,针对导叶顶部子午型线进行调整和优化,根据优化结果子午型线采用前段略微外扩,后半部几乎平行的形式(图 4.20)取代原来几乎为直线的子午型线。书中在设计与优化子午型线时并未考虑与侧型面和回转型面的匹配问题,即在优化过程中保持叶型不变,仅对子午型线进行优化,其优化结果并不理想,总体效率提升约 0.1%(与采用直线段相连的方案对比)。

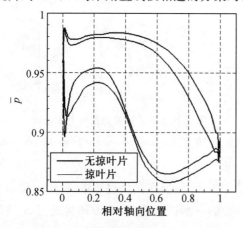

图 4.19　无掠与掠叶片 90% 叶高处压力分布

Fig. 4. 19　Pressure distribution of non — swept and swept blade (90% spanwise)

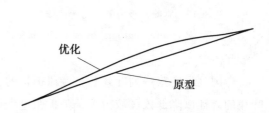

图 4.20　优化前后第二级导叶顶部子午型线

Fig. 4. 20　Meridional profile of the second stage stator

4.2.4　试验结果

气动设计工作完成后,设计要求单位对该设计方案进行了试验校核,试验中对设计方案中某动叶原型和改型叶片进行不同攻角情况下气动性能的研究。试验表明,与原型叶片的均匀加载的特点相比,改型后的叶片载荷后移,具有一定后加载叶片的特点,其逆压梯度段减小,附面层分离流动受到抑制。

表 4.6 为不同攻角下原型与改型叶片能量损失系数以及损失变化率,从表中可以看到改型后的叶片损失明显降低,并且随着攻角的增加,其损失降低程度更为明显,改型后叶片损失随攻角的变化较小,具有良好的攻角的适应性。

表 4.6　原型与改型不同攻角下能量损失系数及损失变化率

Table 4.6　Energy loss coefficients for different attack angles of original plan and re-design plan

	−10	−5	0	5	10
原型	0.094 0	0.084 5	0.081 3	0.122 0	0.153 9
改型	0.088 2	0.080 5	0.070 3	0.098 7	0.120 5
损失变化率 ％	−6.17	−4.73	−13.53	−19.34	−21.7

文献[105]中通过试验证明,改型后的叶片在不同的攻角条件下其气流角沿叶高分布更为均匀,尤其是在根部区域气流角降低更为明显。出口参数的均匀可以有效降低下游区域的径向二次流损失,并且使下游叶片针对匹配的调整更加简单,造型过程中下游叶片沿叶高几何扭曲量更为均匀。

设计方案完成后,设计委托单位选择该五级涡轮的第一级进行模化后的实验,图4.21为试验件与试验台照片。试验过程中采用不带叶冠方案,实验效率达到 91.4％,经设计委托单位针对叶冠进行修正,表明气动效率达到设计要求。

4.2.5　设计方案特点

在该五级涡轮设计过程中,针对变工况的设计要求,采用了大速比、大反动度和小环量的特点。为提高设计点的气动性能,并没有采用大头叶型,并且由于级数较多,采用大头叶型的必要性有所下降。为了验证低工况下的性能,本章计算了 $0.23(n=7.26, \pi^* = 2.38)$ 和 $0.58(n=9.18, \pi^* = 3.6)$ 工况下的气动性能,气动效率 η_{is}（式 4.1）达到了 93.04％和94.35％,满足设计要求。

最终设计方案的部分总体参数见表 4.7,从表中可以看出最终的三维设计结果与一维设计方案结果存在较大的差异,主要由以下原因造成:一维计算为方案设计阶段的初始设计,受制于计算程序精度,只能大体确定该涡轮的总体特点,不能精确体现出该涡轮的特点,在方案设计的 S_2 设计阶段和三维设计中对涡轮的几何形状进行了较大的调整,三维设计完成后,不应过分追求与一维和 S_2 参数的一致。从计算结果上看,该五级涡轮在

图 4.21　试验件与试验台照片

Fig. 4. 21　Picture of test-bed and test-part

设计点附近具有较高的气动效率,而且具有良好的变工况特性,该涡轮的设计达到了设计要求。

表 4.7　最终方案部分参数

Table 4.7　Part parameters of the final plan

	第一级	第二级	第三级	第四级	第五级
Ω	0.412	0.464	0.518	0.485	0.472
$\Delta h/U^2$	1.213	1.220	1.270	1.220	1.070

4.3　民用航空高压涡轮气动设计

本章采用 2.1 节提及的气冷涡轮分层设计优化体系对某民用航空涡轮进行气动设计。该涡轮设计过程主要具有以下特点与要求:设计转速较高;采用高亚声速级设计;涡轮入口温度较高;涡轮总冷气量占涡轮入口流量的 34%。高转速和高涡轮入口温度对于涡轮效率的提升具有一定帮助,但是由此导致的高马赫数和大冷气量会使气动设计的难度增加,尤其是大冷气量的影响,对于效率的影响较大,因此该涡轮设计难度主要集中在大冷气量条件下保持较高的气动设计效率。

4.3.1　一维设计与优化

该涡轮的一维设计中,涡轮级数、转速与总体尺寸已经通过总体设计确定,对于该涡轮在一维设计中需要根据功率分配确定其中截面处的气流角、反动度、负荷系数等气动参数。流道设计过程中在不超过总体尺寸要求的基础上,采用了中径略微增加的形式以尽量提高其气动效率。该涡轮折合后的转速与流量见表 4.8,从表中可以看出该涡轮转速高、流量小、膨胀比较大。

表 4.8　某高压涡轮换算转速流量与膨胀比

Table 4.8　Speed, mass flow and expansion ratio of high-pressure turbine

参数	单位符号	
$N/\sqrt{T_0^*}$	$\mathrm{rad \cdot s^{-1} \cdot K^{-\frac{1}{2}}}$	39.20
$W\sqrt{T_0^*}/p_0^*$	$\mathrm{g \cdot K^{\frac{1}{2}} \cdot s^{-1} \cdot Pa^{-1}}$	0.49
π^*		5.46

在一维设计方案基本确定之后,采用自适应模拟退火算法(ASA)对该涡轮设计工况的参数进行了优化。优化变量设定为各级功率分配系数与反动度,原方案与优化后方案的比较见表 4.9。

从优化结果看,优化后涡轮效率提升 0.18%,考虑到在一维设计过程中针对大冷气量的损失估算精度问题,其优化效果并不明显。但是优化结果所显示出的功率分配系数的变化趋势是正确的,若不考虑冷气引气位置以及油耗的影响,第一级最佳功率分配系数应略低于 1。优化前后两级的涡轮均维持了较高的反动度,会对叶栅顶部泄漏流动产生一定影响。

表 4.9　优化前后参数对比

Table 4.9　Comparison of the performance between optimized plan and original

	第一级	第二级
FC	1.05/0.98	0.95/1.02
Ω	0.43/0.48	0.46/0.43
$\Delta h/U^2$	1.75/1.67	1.25/1.34
U/C_1	0.69/0.74	0.81/0.76
η	88.63%/88.82%	91.93%/91.90%
α_2	86.57/85.10	
η_t	90.18/90.36	

在大冷气量条件下该一维程序对损失的估算存在较大的误差,对于该涡轮冷气量占涡轮入口流量的 34%,其误差较大,因此一维结果只是反映了该涡轮基本的设计特点,在后续的 S_2 以及三维设计与调整过程中会根据该涡轮的基本设计特点对几何参数与气动参数进行重新调整以确保最终设计结果的精度与合理性。因此从设计的角度看,一维计算的结果对于具体气动参数的计算误差较大,但是其反映的涡轮的基本特点依然是后续设计过程中的重要参考,因此该部分的工作是不可缺少的。

4.3.2　S_2设计与优化

在一维计算基础上,本章对该涡轮进行了 S_2 流面的设计与优化,在计算过程中需要对该叶片的几何参数进行设计。

该涡轮第一级静叶总冷气量占涡轮入口流量的 17％,大冷气量条件下该列叶片设计过程采用了以下方式:低叶片数、钝前缘、大弦长和最大厚度位置接近于前缘。采用上述设计原则主要基于以下考虑:从冷却结构设计的角度,前缘附近由于气流的滞止作用,该区域温度较高,钝前缘与最大厚度接近于前缘位置有利于前缘附近复杂冷却结构设计,可以有效地降低前缘附近高温;从气动方面考虑,在涡轮级数较少的情况下,钝前缘的应用首先是对变工况具有一定好处,更重要的是前缘附近的大气动截面厚度和大弦长可以使喉部点之前有效通流区域通流面积的变化较为平缓,使该区域流动情况稳定,吸力面与压力面压差较低,而大部分冷气均在此区域进入流道,较小的压差和稳定的流动可以确保冷气喷射出气膜孔后按照设计方案稳定在叶片表面流动,这样可以避免或降低由于横向压差导致的冷气由压力侧向吸力侧迁移引起的掺混损失和二次流损失,并且冷气在叶片表面的稳定流动也可以使得叶片的温度场得到改善。同时采用上述叶型设计原则所得到的叶型为明显的后加载叶型,在一定程度上也降低了主流区域的气动损失。大弦长的设计会导致叶型的摩擦损失上升,但是由于叶片数较少,与冷气掺混的损失相比摩擦损失较低,因此在设计过程中依然选择大弦长的设计思路。

按照一维计算结果初步给定各列叶栅沿叶高各截面造型参数,造型过程中主要按照以下原则进行:保证上文提及的针对第一级导叶的钝前缘、大弦长和最大厚度位置提前的设计方法;考虑该涡轮径高比较大,并且叶片的绝对高度较小,为方便叶型的加工以及各叶列间的匹配,不宜采用较大的扭曲量,因此基本采用等出气角的设计方法。设计方案子午流道以及子午面马赫数云图如图 4.22 所示。

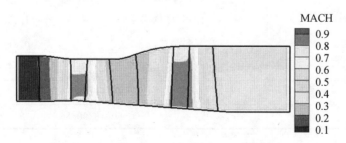

MACH
0.9
0.8
0.7
0.6
0.5
0.4
0.3
0.2
0.1

图 4.22　设计方案子午流道以及子午面马赫数云图

Fig. 4.22　Mach number distribution of the meridional side

S_2 设计完成后,对设计方案采用多岛遗传算法进行优化。优化过程中选择各列叶片入口几何角和有效出口角为优化变量,约束流量(±0.5％)和末级绝对出口气流角(±5°)。书中所用的 S_2 正问题计算程序仅针对气动计算,无法对气冷涡轮的冷却效果进行评估,因此在 S_2 优化过程中选择气动效率为目标函数。

优化结束后,对优化后方案叶型的部分参数进行修正使其符合强度和工程实际的需求,如叶片厚度、最大厚度沿叶高分布和叶型曲率等,将调整后的方案作为 S_2 的最终设计方案,也是方案设计的最终方案。

优化后效率提升约 0.12%,提升并不明显,出口处绝对气流角由 87.1° 增至 88.7°,更接近轴向出气。优化前后部分参数的对比从图 4.23 可以看到,优化后导叶出口气流角变化并不明显,但是动叶出口气流角沿叶高变得较为均匀,更符合等出气角设计的概念,降低叶片沿叶高扭曲量,降低与下游叶片匹配的难度。从图 4.23(c) 可以看出,优化后叶片的反动度沿叶高变化较小,基本保持了原设计方案反动度较高的特点。图 4.23(a) 和图 4.23(b) 显示为保证出口参数的均匀,降低匹配难度,各列动叶出口中径处的气流角均有所提升,这对各级的负荷系数产生一定影响,如图 4.23(d) 所示,从图中可以看出优化后第一级负荷系数略有提升,第二级略有下降,其变化趋势对于气动效率的提升是不利的,但是由于匹配的改善以及出口参数均匀化导致的径向二次流的降低,气动效率仍略有改善。

通过 S_2 的设计与优化得到的该方案的主要特点如下:各级负荷较大;反动度较高;该涡轮转速较高,该涡轮属于高亚声速条件下设计(图 4.22);两级中径处速比均介于 0.75~0.85 之间;同时为配合发动机的整级设计,第一级功率分配系数略高,两级功率分配比例为 1.04∶0.96。

对于该大冷气量涡轮的设计,S_2 计算结果所展现出来的特点与一维计算相比已经较为准确,虽然优化后的方案仅从气动效率上看提升并不明显,但通过 S_2 的优化涡轮各参数沿叶高分布更加符合工程实际要求。因此将该方案作为最终设计方案,即三维设计的初始方案。

由该方案优化结果可知,针对 S_2 的优化设计对于设计方案总体参数影响较小,难以通过 S_2 设计与优化对设计方案的总体参数做出较大调整。总体参数的调整比较依赖于一维设计与优化,对该大冷气量涡轮的一维设计与优化虽然计算精度不高,但其对设计方案总体参数的确定以及掌握该涡轮的设计特点是必不可少的。

4.3.3　三维核算与调整

针对气冷涡轮的三维设计与优化应遵循与 4.2.3 节无冷气涡轮设计与优化相同的原则。即在三维设计与优化过程中首先应分析的是总参数和沿叶高参数分布的合理性,在保证上述参数合理基础上对流场进行细节分析,避免在三维设计过程中直接对三维流场细节进行分析修正的做法。

本节针对该两级气冷涡轮三维计算采用 CFX 在定常条件下进行,计算软件的校核工作在 3.2 节进行了说明。经过一维与 S_2 的方案设计后,三维设计前首先针对该方案通过管网计算初步确定冷却结构形式与冷气流量的分配,为三维气动设计与计算提供边界条件。通过管网设计,第一级静叶内部在位于叶型弦长中部位置由叶根至叶尖的肋片分为

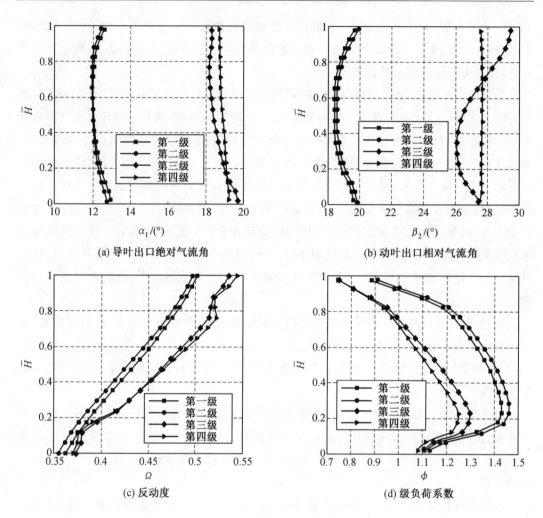

(a) 导叶出口绝对气流角　　　　　　　　(b) 动叶出口相对气流角

(c) 反动度　　　　　　　　　　　　(d) 级负荷系数

图 4.23　优化前后参数对比

Fig. 4.23　Parameters comparison between optimized plan and original

两个空腔,叶片表面共 13 列 197 个气膜孔,第二个腔室的部分冷气由尾缘劈缝排出;第一级动叶内部采用两个蜿蜒通道,第一个通道冷气通过叶片前缘的 6 列共 85 个气膜孔进入主流区域,第二个通道冷气通过叶顶冷却孔和尾缘劈缝排出;第二级静叶其热负荷已经较低,因此仅采用一个冲击套筒的冷却结构,部分冷气由尾缘劈缝排出,叶片表面无气膜孔;第二级动叶也仅存在尾缘劈缝,叶片表面无气膜孔。由于书中设计与计算主要针对该涡轮的气动效率而不是其传热设计的效果,因此在计算过程中对冷却结构进行了简化处理,仅保留外部冷却结构,即保留了叶片表面气膜孔与尾缘劈缝,边界条件给定为通过管网计算确定的每一列气膜孔以及尾缘劈缝的冷气流量以及冷气总温。

　　根据上述原则划分网格,其中第一级静叶网格数为 228 万;第一级动叶网格数为 246 万;第二级静叶网格数为 85 万;第二级动叶网格数为 101 万,各列叶片的外部冷却结构与网格如图 4.24 所示。计算过程中采用带转捩的 Shear Stress Transport 湍流模型。

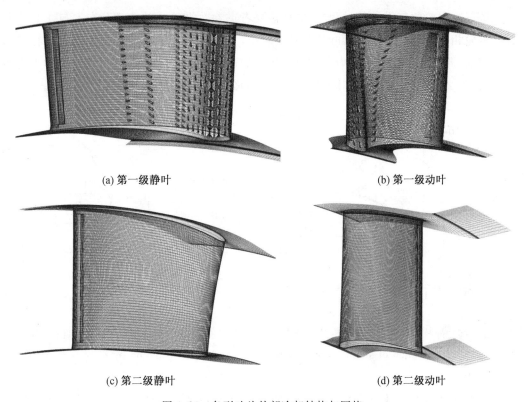

(a) 第一级静叶　　　　　　　　　　　　　　(b) 第一级动叶

(c) 第二级静叶　　　　　　　　　　　　　　(d) 第二级动叶

图 4.24　各列叶片外部冷却结构与网格

Fig. 4.24　Film cooling holes and mesh details of each blade

　　本节更侧重于对书中初始设计的方案在添加外部冷却结构的条件下进行气动效率的核算，并且由于计算过程中考虑了冷气的影响，可以对冷却结果进行初步预估。书中并没有针对三维计算中体现出的问题进行细致的气动改型设计，而仅仅是按照 4.2.3 节提及的三维设计的步骤对计算结果进行了初步的分析与总参数调整。

4.3.3.1　总体参数与沿叶高参数合理分布

　　针对气冷涡轮的三维设计过程中，更需要首先保证基本参数分布得合理，因为与无冷气设计相比，在大冷气量条件下，方案设计阶段所得到的方案存在较大误差，因此在三维计算中首先需要对总参数进行修正以达到设计要求。后续工作均需要建立在这一部分基础上，以修正后的三维方案为基础。只有在保证总体参数合理的基础上，对设计方案的流场细节调整才能使涡轮的整体性能达到最佳。

　　对于该两级气冷涡轮总体参数主要进行了以下几个方面的调整：针对流量的调整，由于冷气量过大，已达到 34%，方案设计阶段的计算精度不能满足设计要求，与方案设计阶段的流量比较其误差达到 2%，因此三维设计第一阶段就是对设计方案叶型进行修正以达到设计要求的流量；保证末级出口气流角轴向偏差小于 5；从发动机整体的冷气引气位置考虑，调整两级功率分配系数之比为 1.05∶0.95；控制各列损失与各级效率相差较小，即损失的分布较为均匀。

该气冷涡轮的三维设计过程中,同样需要考虑参数沿叶高的合理分布。与 4.2 节无冷气涡轮相比,该涡轮转速高,叶片径高比比较小,参数沿叶高分布不均匀程度加剧,径向二次流较大,同时该涡轮在动叶内存在尺度较大的通道涡,更加加剧了沿叶高参数的不均匀性,由图 4.25 和图 4.26 各列叶片出口气流角的分布可以看出这一现象较为严重。

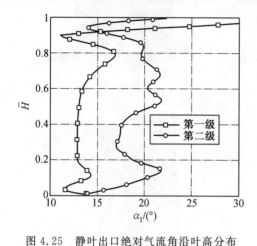

图 4.25　静叶出口绝对气流角沿叶高分布

Fig. 4. 25　Distribution of stator absolute outlet flow angle

图 4.26　动叶出口相对气流角沿叶高分布

Fig. 4. 26　Distribution of rotor relative outlet flow angle

针对该气冷涡轮沿叶高参数调整原则如下:控制各列出口气流角沿叶高变化尽量均匀,以利于控制径向二次流和便于下游叶片的匹配设计;通过调整各列入口气流角微调各列攻角与匹配,尽量降低动叶的扭曲量;控制各列损失沿叶高分布均匀,降低二次流损失;控制级负荷系数沿叶高分布均匀。这些原则与无 4.2.3 节的无冷气涡轮设计的原则是相同的。

本节的内容主要是三维设计中方案设计与调整,该部分决定了设计方案是否能够达到设计要求。对于该气冷涡轮,书中仅对流量和两级功率分配进行了适当的调整以满足设计要求,而未开展沿叶高参数的调整工作。

4.3.3.2　针对工程设计初步分析

针对工程的分析过程中,重要内容就是对叶片压力分布的分析与调整,压力分布形式确定后,尽量降低逆压力梯度段的长度与强度,以避免和削弱分离流动的出现。同时在工程分析过程中,应当针对损失分布中高损失区进行调整,而且在工程分析过程中应当分析各部分损失在总损失中所占的比例,以使得改动工作更具有针对性。本书对于该气冷涡轮仅进行了压力分布的简单分析,并没有进行细致的损失分析与调整。

图 4.27(a)～图 4.27(d)分别为各列叶片 3 个截面(截面 1 为 10% 叶高,截面 2 为 50% 叶高,截面 3 为 90% 叶高)的压力分布。从图中可以看出,该涡轮第一级具有一定的后加载特征,而第二级呈现出均匀加载的特点;除第一级动叶顶部截面和第二级动叶中截面外,各列叶片压力分布的最低压力点过渡较为平缓,逆压力梯度的强度降低,有利于气

动效率的提升;此外压力分布还可以部分反映各叶片之间的匹配情况,第二级静叶根部截面以及第二级动叶的根部截面存在一定匹配问题。因此对于书中涡轮叶片改型的部分措施为:调整第一级动叶顶部截面与第二级动叶根部和中部截面的最低压力点分布,降低逆压力梯度的强度;调整第二级静叶和动叶的攻角匹配情况。

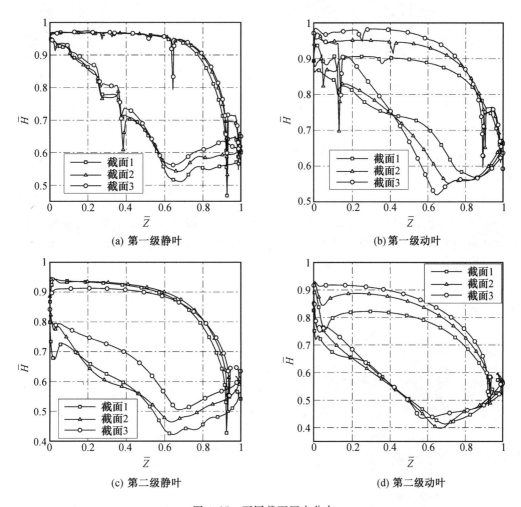

图 4.27　不同截面压力分布

Fig. 4.27　Different section pressure distribution of the high-pressure turbine

4.3.4　设计方案特点

　　该涡轮气动方案设计阶段完成后,进行了初步的传热设计,因此在三维设计阶段对气动效率进行评估的同时也可以对传热效果进行初步的评估,以验证初步传热设计的合理性。图 4.28 为第一级静叶中截面的流线,从图中可以看出驻点位置偏向压力侧,图 4.29 中叶片表面驻点相对应的位置出现了冷气不能覆盖的高温区,并在叶片的根部区域也存在一定高温区。前缘驻点附近以及根部区域是传热设计中不足的地方,其他位置传热设计较为完善。

图 4.28　第一级静叶中截面流线

Fig. 4. 28　Streamline at the 50% spanwise of the first stator

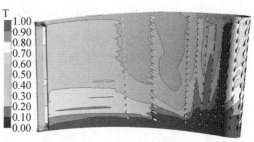

图 4.29　第一级静叶压力侧温度分布

Fig. 4. 29　Pressure side temperature distribution of the first stator

　　该涡轮两级动叶内均存在较大尺度的通道涡,使气动参数在动叶出口变得不均匀,增加了二次流损失,影响了气动效率;同时由于通道涡的存在对冷气产生的卷吸作用,使冷气脱离吸力侧上下端壁附近的叶片表面,产生一定的高温区域,其高温区域的分布与通道涡的影响范围几乎相同。这一点可以从如图 4.30 所示的第一级动叶吸力侧温度分布云图以及壁面的极限流线看出。因此通过改型工作削弱通道涡,不仅会对气动效率产生积极影响,同时也会改善吸力侧的冷却效果。书中 4.3.2 节从传热设计以及气动设计方面对第一级静叶的设计叶型设计原则进行了说明:低叶片数、钝前缘、大弦长和最大厚度位置接近于前缘,按照上述原则设计的 3 个截面的气动型线如图 4.31 所示。

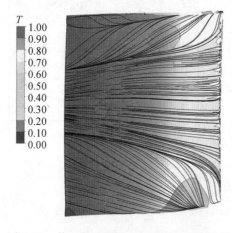

图 4.30　第一级动叶吸力侧温度与极限流线

Fig. 4. 30　First rotor suction side temperature distribution and limiting streamline

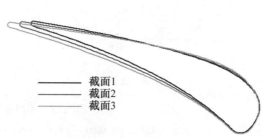

截面1
截面2
截面3

图 4.31　第一级静叶叶型

Fig. 4. 31　Blade profiles of the first stator

　　由表 4.8 可知该涡轮的总体要求转速高、流量较小、冷气量较大、膨胀比较大。针对上述特点通过方案设计后,经过三维核算与总参数的微调,其设计方案的部分总参数见表 4.10。从表中可以看到最终的三维计算结果与方案设计结果存在较大的差异,尤其是冷气量较大的第一级涡轮,三维计算与设计完成后,不应过分追求与方案设计阶段参数的一致。上文的数据以及分析表明,该涡轮的方案设计是合理的,后续的工作是针对该涡轮详细的三维气动分析与设计,包括压力分布调整,匹配调整以及损失分布的调整;传热设计中应解决前缘驻点处以及叶片根部区域存在的高温区。

表 4.10　最终方案部分参数
Table 4.10　Part parameters of the final plan

	第一级	第二级
FC	1.05	0.95
Ω	0.35	0.39
$\Delta h/U^2$	1.35	1.15
U/C_1	0.76	0.82
α_2	86.22	
η_t	89.12%	

第5章　考虑气膜冷却的气动和传热的影响研究

针对气冷涡轮优化，根据气动和传热的评估需要，采用了三个目标函数来评价气冷涡轮的整体性能，分别为气动效率 η_1、冷却效果 η_2 以及针对气冷涡轮叶片最恶劣工作区域的 η_3。

在对气冷涡轮叶栅的气动的效率进行评价时，采用叶栅后混合气体的动能与主气流和冷却空气的可用能之和的比值来表示，如式(5.1)所示，其中 w 为叶栅出口速度，式中其余符号的物理意义与式(2.2)中符号相同。

$$\eta_1 = \frac{(G_\Gamma + G_B)0.5w^2}{G_\Gamma H_\Gamma + \sum G_{Bi} H_{Bi}}$$

其中

$$H_\Gamma = Cp_\Gamma T_{0,\Gamma}^* [1 - (p_2/p_{0,\Gamma}^*)^{(k_\Gamma - 1)/k_\Gamma}]$$
$$H_{Bi} = C_{p_B} T_{0,Bi}^* [1 - (p_2/p_{0,Bi}^*)^{(k_B - 1)/k_B}] \tag{5.1}$$

热分析的目标采用平均绝热壁面温度与进口总温的比值 η_2 来表示，如式(5.2)所示。采用平均绝热壁面温度并不能真实反映叶片的温度场，但是在总冷气量和外部冷却结构形式确定的情况下，通过绝热壁面平均温度的高低可以在一定程度上反映气膜冷却的效果

$$\eta_2 = T_w / T^* \tag{5.2}$$

式中，T_w 为叶栅平均绝热壁温；T^* 为叶栅入口总温。

优化过程中考查叶片温度场时，采用 η_2 仅能反映气膜冷却整体效果的优劣，在实际过程中设计人员同时关心叶片表面的最高温度和叶片上高温区域面积的大小与位置，这些因素与叶片的寿命直接相关。为此本文提出另外一个目标函数 η_3 来评价该指标，其具体定义如式(5.3)。由于该部分采用绝热壁面进行计算，因此目标函数 η_3 在优化中用于改善气膜冷却效果差的区域。式中 T_{ref} 为参考温度，T_{max} 为计算所得到的叶片表面最高温度(该平台中为绝热温度)，A_{tb} 为叶片表面温度高于 T_b 的区域的面积，A_{Blade} 为叶片表面积。χ 为温度系数，定义如式(5.4)所示，T^* 为叶栅入口总温。对于固定的 χ，A_{tb}/A_{Blade} 用来表述叶片表面温度高于 χT^* 的区域的面积与叶片总面积的比值，可以反映叶片高温区域面积的大小，而 T_{max} 则反映了叶片表面的最高温度，因此用 η_3 可以反映叶片工作时温度场最恶劣区域的状态。

$$\eta_3 = \frac{T_{max}}{T_{ref}} \frac{A_{tb}}{A_{Blade}} \frac{1}{1 - \chi} \tag{5.3}$$

$$\chi = T_b / T^* \tag{5.4}$$

　　在针对存在气膜冷却的气冷涡轮的气动优化过程中,对上述 3 个目标函数组合应用可以在提高气动效率的同时,改善叶片的冷却效果,提升叶片整体性能。

　　在针对多学科的优化设计过程中,对于目标函数的处理可选取以下三种策略,第一,以某特定学科目标为目标函数,其余学科的目标函数最为约束条件,即优化问题变为,在满足其余学科要求的情况下,获取该学科的最优值;第二,将各学科目标函数进行加权处理,转化为单目标函数进行优化,获取加权处理后的最优值;第三,采用多目标优化中的Pareto 前沿解的形式进行表达优化结果,获取求解域空间上的各目标函数最优值,达到真正意义上的多学科多目标优化。

　　上述三种策略以第一种计算成本最低,用于获取满足特定性能条件下的工程方案;第二种策略采用的加权处理方式实际上是用以获得有一定学科倾向条件下工程问题的最优方案;采用第三种策略,可充分体现出多学科耦合条件下整个求解域的方案分布情况,真正体现出多学科多目标优化的优势,不仅为设计人员提供更多的选择余地,还有利于总结多学科耦合设计与优化规律,但采用第三种策略,所需要的算例样本数较多,计算成本较高。

5.1　考虑气膜冷却的静叶优化研究

　　本节应用建立的考虑气膜冷却的涡轮优化平台对某涡轮静叶进行了针对叶型与气膜孔方向的优化,以提升其气动性能并改善冷却效果,该节对变量选取原则与优化策略进行了说明,并对优化结果进行了分析,对静叶气动与传热耦合设计进行初步探讨,进一步说明了气动与传热耦合设计与优化的必要性。

5.1.1　计算模型

　　对涡轮静叶进行优化时,所选叶片共有气膜孔 13 列,气膜孔的位置如图 5.1 所示,生成网格后其气膜孔在叶片表面位置如图 5.2 所示。

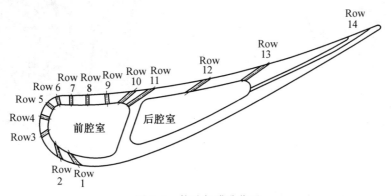

图 5.1　静叶气膜孔位置

Fig. 5.1　Location of the stator holes

计算过程中由于网格生成的复杂性和目前计算能力的限制对计算模型进行适当简

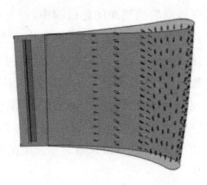

图 5.2 气膜孔在叶片表面位置

Fig. 5.2 Distribution of the holes

化,仅保留了叶片表面的气膜孔,而省略了叶片内部冷却结构的两个腔室。这种简化会造成计算得到的冷气流动情况与实际流动情况存在一定差异,为尽量降低由简化导致的差异,在优化过程中保证了对叶型进行局部调整并且不改变冷却结构形式的原则。计算域局部网格与整体网格如图 5.3 所示,总网格数为 250 万左右,单个算例计算时间为 1.5 h 左右,使总优化时间控制在可接受范围之内。

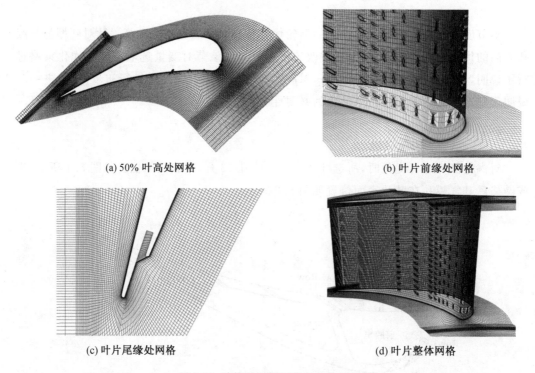

(a) 50% 叶高处网格　　　　　　　　　　(b) 叶片前缘处网格

(c) 叶片尾缘处网格　　　　　　　　　　(d) 叶片整体网格

图 5.3 计算域局部网格与整体网格

Fig. 5.3 Location of the holes and the mesh details of the stator

计算过程中给定总温为 709 K,总压为 344 740 Pa 作为入口边界条件,在给定出口边界条件时,为保证优化后的叶型对整体的总体参数(如流量等)不产生较大影响,首先将该两级涡轮进行计算,然后将第一级导叶出口处沿叶高分布的静压提取出来作为优化时的出口边界条件,其出口处压力沿叶高分布如图 5.4 所示。

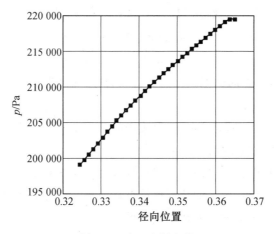

图 5.4　出口边界条件

Fig. 5.4　Outlet boundary condition

叶片表面参数化给定为 13 列,共 197 个气膜孔,叶片气膜孔、尾缘劈缝、上下端壁中总冷气量占涡轮进口流量的 9.42%。计算中采用多组分计算的方式进行,冷气工质为理想气体,冷气喷射方向与气膜孔方向一致。

优化计算过程中保持了冷气入口边界条件不变,同样是对计算进行了一定简化。实际流动过程中由于叶栅流道内流场发生改变,必然会导致冷气出流边界条件的变化。此处进行如此简化的考虑如下:内部冷却结构不变并且保持型线变化不大的条件下,冷气出口处压力变化不明显,采用一维的管网计算进行评估,受制于精度与经验公式的限制,冷气流量几乎没有变化;采用三维气热耦合进行计算,精度有所保证,但是计算时间较长,不便于方案的选取与优化的进行。因此在优化过程中采用了保持冷气边界条件不变的简化,而在最终设计方案选定后,对所选方案进行气热耦合计算以保证最终设计的准确性。

5.1.2　叶型几何参数优化对静叶气动与传热的影响

该部分仅研究了叶型几何参数变化对涡轮叶栅气动效率(η_1)与传热效果(η_2)的影响,而未涉及气膜孔方向变化对涡轮叶栅气动与传热的影响。

由于单个算例计算时间较长,在变量选取时,不可能也没有必要将所有参数均作为优化变量。采用 11 参数法进行造型,流量主要受出口几何角 β_2 控制,因此在优化过程中为保证流量变化不大,出口几何角不选作优化变量;对多级中的某一列进行优化,为保证优化后各叶列间的匹配,在出口几何角 β_2 不变的情况下,进口几何角 β_1 也不应发生变化。该叶栅采用 3 个截面造型后积迭而成,每个截面选取 5 个变量进行优化,分别为前缘直径 D_1、前楔角 W_1、后弯角 δ、安装角 β_y 和后楔角 W_2,内背弧的贝塞尔曲线的控制点不在选取的范围之内,则所有的变量可以写成

$$\boldsymbol{X}_1 = [D_{11}, W_{11}, \delta_1, \beta_{y1}, W_{21}] \qquad (5.5)$$

$$\boldsymbol{X}_2 = [D_{12}, W_{12}, \delta_2, \beta_{y2}, W_{22}] \qquad (5.6)$$

$$\boldsymbol{X}_3 = [D_{13}, W_{13}, \delta_3, \beta_{y3}, W_{23}] \qquad (5.7)$$

$$\boldsymbol{X} = [\boldsymbol{X}_1, \boldsymbol{X}_2, \boldsymbol{X}_3] \qquad (5.8)$$

变量下标为造型截面的标号。从优化变量的选取可以看出本节所做的优化主要是针对局部型线进行的,即通过调整局部型线来改善优化目标,而并未对叶片进行颠覆性的设计与优化。

优化后可在 η_1 和 η_2 形成的 Pareto 解集中的众多设计方案间选择符合不同设计要求的方案,不再局限于通过单目标优化得到满足特定设计要求的单个解,这样可避免对目标函数进行加权处理的局限性。采用该方式可为设计人员提供更多可供选择的方案,也便于设计人员根据解集中设计方案的特点提炼设计规律。针对上述两个目标函数可将涡轮叶栅的优化设计问题表示为如下的数学优化模型:

求 $\boldsymbol{X}^* = [\boldsymbol{X}_1, \boldsymbol{X}_2, \boldsymbol{X}_3] \in D$,使 $\min F(\boldsymbol{X}^*) = \{-\eta_1, \eta_2\}$,S. t. $g_m(\boldsymbol{X}^*) \leqslant 0, m=1, 2, \cdots, M$。 由于在优化变量选取时已经避免了由于优化参数选择不合理造成总体参数差异较大的可能行,因此具体的约束条件中仅仅对变量进行了约束,即 $g_m(\boldsymbol{X}^*) \leqslant 0$,而不用对流量以及气流角等进行重新约束。

Pareto 解集具体体现为: $\boldsymbol{X}^* \in D$,不存在 $\boldsymbol{X} \in D$ 使 $F(\boldsymbol{X}) < F(\boldsymbol{X}^*)$,即同时使 $-\eta_1(\boldsymbol{X}) < -\eta_1(\boldsymbol{X}^*), \eta_2(\boldsymbol{X}) < \eta_2(\boldsymbol{X}^*)$,优化中采用的算法为多目标优化算法 NSGA-Ⅱ,总样本空间为 450 个左右。

叶栅优化过程中变量取值范围与初始值见表 5.1。优化后 $-\eta_1$ 和 η_2 形成的 Pareto 前沿解如图 5.5 所示,从图中可以看出,相对于原型点优化后的方案均在不同程度上有所改善,其中气动效率改善最大值为 0.26%,传热效果改善 0.94%。由于优化过程中并没有对叶片进行颠覆性优化,变量给定变化范围较小,而且该叶栅气动与传热设计较完善,因此对于第一级静叶进行优化效果提升并不明显,但是优化结果变化趋势是我们希望看到的,可以看到图中 Pareto 解集为设计者提供了更多的选择余地,可以在一定气动效率与传热效果的区间内寻找符合设计要求的方案。

表 5.1　静叶叶型优化变量取值范围

Table 5.1　Range of variables for stator blade profile optimization

	D_1/mm	$W_1/(°)$	$\delta/(°)$	$\beta_y/(°)$	$W_2/(°)$
截面 1	6.50 < 6.94 < 7.50	105 < 118 < 120	7.20 < 8.13 < 9.20	32.0 < 34.40 < 36.50	7.50 < 8.64 < 9.50
截面 2	6.70 < 7.14 < 8.00	105 < 114 < 120	7.50 < 8.82 < 9.50	30.0 < 32.65 < 34.50	7.50 < 8.70 < 9.50
截面 3	7.00 < 7.65 < 8.20	105 < 116 < 120	7.50 < 9.30 < 10.00	28.0 < 31.00 < 33.00	7.50 < 8.64 < 9.50

从图 5.5 的 Pareto 解集中选择 3 个较为典型的方案与原型方案进行对比分析,其中各个方案的气动效率(η_1)、传热效果(η_2)、叶栅负荷系数(Cu)与流量差异见表 5.2,其中 Cu 的定义为

$$Cu = M_1 \cos \beta_1 + M_2 \cos \beta_2 \tag{5.9}$$

式中

$$M_1 = \left[\frac{\dfrac{(k_1+1)\,Ma_1^2}{2}}{1+\dfrac{(k_1+1)\,Ma_1^2}{2}} \right]^{\frac{1}{2}} \tag{5.10}$$

$$M_2 = \left[\frac{\dfrac{(k_2+1)\,Ma_2^2}{2}}{1+\dfrac{(k_2+1)\,Ma_2^2}{2}} \right]^{\frac{1}{2}} \tag{5.11}$$

式中的下标 1 代表叶栅入口参数,下标 2 代表叶栅出口参数,Ma 为马赫数,k 为气体绝热指数。采用该系数可以反映流体在叶栅中膨胀和转折能力的大小。

由表 5.2 中的数据可以看到优化后叶栅在效率提升与传热效果改善的条件下,其负荷系数和流量变化不大,基本与原方案持平,符合优化设计的要求。

表 5.2　不同优化方案的计算结果

Table 5.2　Performance of different plans

	原方案	方案 1	方案 2	方案 3
η_1	93.91	94.17	94.11	93.97
η_2	73.28	73.16	72.85	72.34
Cu	0.6359	0.6366	0.6366	0.6359
流量差异	0%	+0.07%	+0.06%	−0.05%

原型方案与 3 个改型方案按照上文提及的"组分流管法"进行处理后的损失沿叶高的分布如图 5.6 所示,优化后 3 个方案各截面的叶型如图 5.7 所示。

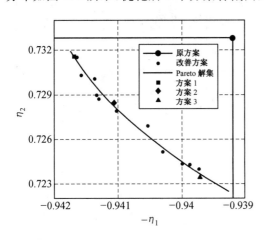
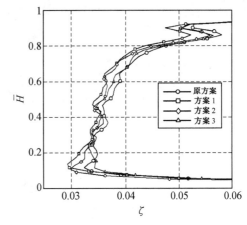

图 5.5　静叶叶型优化 Pareto 解集

Fig. 5.5　Pareto solution set of η_1 and η_2 (stator blade profile optimization)

图 5.6　不同方案损失沿叶高分布

Fig. 5.6　Span wise loss distribution (stator blade profile optimization)

由叶型对比可知优化后方案与原型方案的最大差异在于安装角与叶片厚度,尤其是

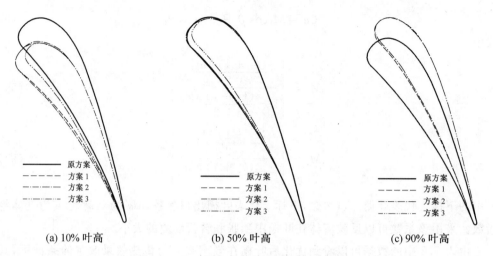

(a) 10% 叶高　　　　　　　(b) 50% 叶高　　　　　　　(c) 90% 叶高

图 5.7　针对静叶叶型优化前后叶型对比

Fig. 5.7　Blade profile comparison between optimized plans and original plan(stator blade profile optimization)

根部和顶部的区域。气动效率较高的方案 1 中,根部型线差异较大,其安装角相对于原型方案增大,而中间截面基本保持原型的设计,顶部安装角明显下降。传热效果改善较为明显的方案 3,其典型特点为叶型的最大厚度均下降明显,与气动方案改善的方案相比,其差异主要集中于根部截面与中间截面。由叶型改变导致的 10%、50%、90% 叶高压力分布变化如图 5.8~图 5.10 所示。

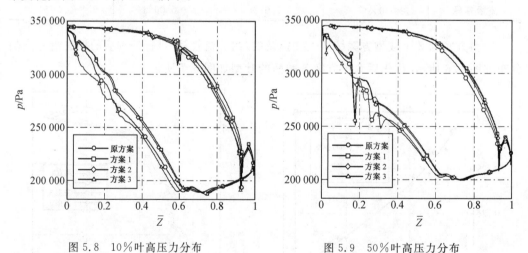

图 5.8　10%叶高压力分布　　　　　图 5.9　50%叶高压力分布

Fig. 5.8　Pressure distribution at 10% spanwise　　Fig. 5.9　Pressure distribution at 50% spanwise

　　由各截面压力分布可知压力分布的总体趋势保持不变,最低压力点的压力和位置也未发生明显改变,仅在局部区域压力分布发生改变。方案 3 与原型方案相比,根部压力分布变化较大(图 5.8),横向压差增大,导致横向二次流增大明显,从图 5.6 的损失分布也可以看到该部分损失增加明显。对于不同方案,由压力分布(图 5.8~图 5.10)可知,均存在载荷后移的情况,同样对于效率的提升有一定好处,方案 1 和方案 2 压力分布趋势基本

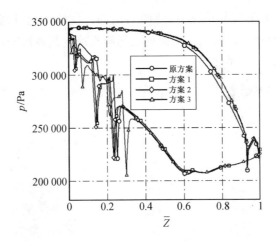

图 5.10　90％叶高压力分布

Fig. 5.10　Pressure distribution at 90％ spanwise

相同，效率相差不大，但是方案 1 中顶部二次流区域损失明显降低，从压力分布来看，该区域横向二次流损失变化不明显，而且顶部区域各方案叶型较接近，摩擦损失也并不是导致该区域损失降低的主要因素，因此该部分损失的降低应由冷气掺混损失的降低导致的。

　　原型叶片计算结果显示，在叶片前缘存在明显高温区，如图 5.11 所示。该高温区形成的直接原因是前缘区域未被冷气覆盖，直面来流高温燃气。优化后方案 3 的传热效果改善较为明显，如图 5.12 所示，叶片前缘的高温区域面积降低明显，尤其是在前缘附近的压力侧，气膜覆盖情况明显好转，但是在根部吸力侧略有恶化。导致叶片表面温度下降的直接因素是前缘气膜覆盖率的上升。

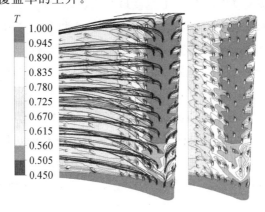

图 5.11　原型方案流线和温度分布

Fig. 5.11　Temperature distribution and coolant
streamline of original plan

　　从图 5.13 中可以看到，优化后的方案 3 前缘驻点位置更接近于压力侧第一列气膜孔的位置，由于驻点位置的变化使得该列气膜孔（前缘附近压力侧第一列气膜孔只存在径向 25°的角度，无轴向角度）出口区域近壁面处速度有所下降，在该列气膜孔喷射的冷气在喷射角度与喷射速度基本不变的情况下,使喷射出的冷气吹风比升高,冷气喷射距离较远(由图 5.16 与 5.17 对比可以看出),从而使前缘附近冷气覆盖情况得以改善。

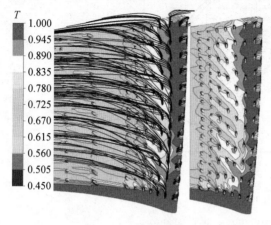 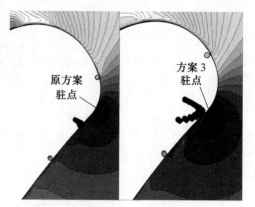

图 5.12　方案 3 流线和温度分布

图 5.13　原型方案与方案 3 驻点位置

Fig. 5.12　Temperature distribution and coolant streamline of plan 3

Fig. 5.13　Stagnation point position of plan 3 and original plan

5.1.3　叶型与冷却孔参数同时优化对静叶气动与传热的影响

本节重点研究了气膜孔喷射方向变化和叶型几何参数变化对涡轮叶栅气动效率(η_1)、传热效果(η_2)与 η_3 的影响。对于 η_3 中 t_{ref},试验燃气入口总温取 709 K,χ 温度系数取 0.9,则 A_{tb}/A_{Blade} 表示叶片表面温度高于 $0.9T^*$ 区域面积与叶片总面积的比值。

叶片压力侧前缘附近为整个叶片上温度最高的区域,因此选择该区域三列气膜孔的方向作为优化变量进行优化,即图 5.1 中 Row5、Row6 和 Row7,其中 Row5 共 12 个气膜孔,Row6 共 11 个气膜孔,Row7 共 12 个气膜孔。

将每一列气膜孔分为上下两部分分别给定气膜孔方向,下端壁与中径之间气膜孔称为第一部分,中径处到上端壁之间气膜孔称为第二部分。Row6 第一部分有 5 个气膜孔,第二部分为 6 个气膜孔,Row5 和 Row7 两部分各有 6 个气膜孔,关于气膜孔的变量见式(5.8)、式(5.9)。其中 θ_{51} 与 γ_{51} 表示 Row5 第一部分气膜孔的 θ 和 γ,同理得其余变量命名方法。在对气膜孔方向进行优化时,造型参数中对气动效率影响较大的后弯角 δ 也选为优化变量,该参数对传热有一定影响,变量写为式(5.11),所有优化变量可写为式(5.12)。

$$\boldsymbol{X}_1 = [\theta_{51}, \gamma_{51}, \theta_{52}, \gamma_{52}] \tag{5.12}$$

$$\boldsymbol{X}_2 = [\theta_{61}, \gamma_{61}, \theta_{62}, \gamma_{62}] \tag{5.13}$$

$$\boldsymbol{X}_3 = [\theta_{71}, \gamma_{71}, \theta_{72}, \gamma_{72}] \tag{5.14}$$

$$\boldsymbol{X}_4 = [\delta_1, \delta_2, \delta_3] \tag{5.15}$$

$$\boldsymbol{X} = [\boldsymbol{X}_1, \boldsymbol{X}_2, \boldsymbol{X}_3, \boldsymbol{X}_4] \tag{5.16}$$

从优化变量的选取可以看出,在优化过程中冷却结构形式不变并且叶型也不会发生较大的改变,而且在优化过程中又保证了气膜孔轴向位置不变,因此外部气膜孔处流场的静压变化不大,对优化前后流量影响很小。

针对上述 3 个目标函数将该优化设计问题表示为如下的数学模型:

求 $X^* = [X_1, X_2, X_3, X_4] \in D$,使 $\min F(X^*) = \{-\eta_1, \eta_2, \eta_3\}$,S. t. $g_m(X^*) \leqslant 0$, $m = 1, 2, \cdots, M$。

优化过程中前缘附近气膜孔方向的改变不会对总体参数产生较大影响,优化过程中选择叶型参数时,仅选取后弯角作为变量对总体参数影响较小。因此在优化过程中不需要对流量和气流角重新约束。

本节 Pareto 解集体现为:$X^* \in D$,不存在 $X \in D$ 使 $F(X) < F(X^*)$,即同时使: $-\eta_1(X) < -\eta_1(X^*)$,$\eta_2(X) < \eta_2(X^*)$,$\eta_3(X) < \eta_3(X^*)$。优化中采用的算法为多目标优化算法 NSGA - Ⅱ。由上文描述,该算例选取变量的总个数为 15 个,总的样本空间在 500 个左右可以得到比较理想 Pareto 解集。

本节所选取的变量及其优化取值范围与初始值见表 5.3,由表中数据可知原型方案的前缘附近该三列气膜孔仅在径向存在 25 °方向角,而没有轴向复合角度。

表 5.3　气膜孔与叶型优化变量取值范围

Table 5.3　Range of variables for stator blade profile and film cooling holes optimization

		第一部分	第二部分
θ /(°)	Row5(θ_{51} 与 θ_{52})	20.10<25.00<37.20	20.10<25.00<37.20
	Row6(θ_{61} 与 θ_{62})	20.10<25.00<37.20	20.10<25.00<37.20
	Row7(θ_{71} 与 θ_{72})	20.10<25.00<37.20	20.10<25.00<37.20
γ /(°)	Row5(γ_{51} 与 γ_{52})	−95.00<90.00<95.00	−95.00<90.00<95.00
	Row6(γ_{61} 与 γ_{62})	−95.00<90.00<95.00	−95.00<90.00<95.00
	Row7(γ_{71} 与 γ_{72})	−95.00<90.00<95.00	−95.00<90.00<95.00
δ /(°)	10%叶高造型截面(δ_1)	7.00<8.10<13.00	
	50%叶高造型截面(δ_2)	7.00<8.80<13.00	
	90%叶高造型截面(δ_3)	7.00<9.30<13.00	

通过优化得到的性能改善方案与 Pareto 解集如图 5.14 和图 5.15 所示,图 5.14 包含 η_1 与 η_2 形成的 Pareto 解集,图 5.15 包含 η_1 与 η_3 形成的 Pareto 解集,相对于原型方案,优化后方案有不同程度的改善。在一定变量范围内,气动效率与传热效果和 η_3 相互制约,而传热效果和 η_3 的变化趋势较为一致。

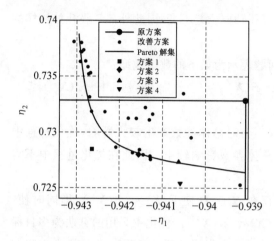

图 5.14　$-\eta_1$ 与 η_2 形成的 Pareto 解集

Fig. 5.14　Pareto solution set of $-\eta_1$ and η_2 (stator blade profile and film cooling holes optimization)

图 5.15　$-\eta_1$ 与 η_3 形成的 Pareto 解集

Fig. 5.15　Pareto solution set of $-\eta_1$ and η_3 (stator blade profile and film cooling holes optimization)

　　本节针对解集中不同方案进行气动与传热分析,从图中选择 4 个方案进行比较,各方案在解集中的位置如图 5.14 和图 5.15 所示,具体的目标函数数值见表 5.4。方案 1 是气动效率最高点,气动效率改善 0.35％,传热效果改善 0.43％,η_3 降低 26.12％。方案 2 为 η_3 最小方案,气动效率改善 0.25％,传热效果改善 0.48％,η_3 降低 45.71％。方案 3 与方案 4 类似。方案 4 为传热效果最好点,气动效率改善 0.15％,传热效果改善 0.74％,η_3 改善30.77％。

表 5.4　不同优化方案计算结果

Table 5.4　Performance of different plans

	原方案	方案 1	方案 2	方案 4
η_1	93.91	94.26	94.16	94.06
η_2	73.54	73.11	73.06	72.80
η_3	128.68	102.56	82.97	97.91

　　从以上数据可以看出针对该叶栅进行气膜孔的方向和叶型进行优化,效果较明显,图 5.14和图 5.15 中 Pareto 前沿解集可以为设计者提供更多的选择余地与改进方向。本节选取 Pareto 解集中方案 1、方案 2 和方案 4 进行分析。原型方案和优化后各方案优化变量取值见表 5.5。

表 5.5　优化变量取值

Table 5.5　Value of optimization variables

	原方案	方案 1	方案 2	方案 4
δ_1 /(°)	8.1	11.1	7.42	8.5
δ_2 /(°)	8.8	12.9	12.7	10.5
δ_3 /(°)	9.3	12.7	11.6	11.8
θ_{51} /(°)	25.0	26.3	25.0	22.1
γ_{51} /(°)	90.0	−57.2	−67.5	−78.8
θ_{52} /(°)	25.0	21.8	25.0	25.9
γ_{52} /(°)	90.0	−46.9	−50.3	−49.6
θ_{61} /(°)	25.0	29.5	29.6	30.2
γ_{61} /(°)	90.0	35.0	−35.8	6.45
θ_{62} /(°)	25.0	31.4	25.9	20.5
γ_{62} /(°)	90.0	−76.1	−12.7	−12.5
θ_{71} /(°)	25.0	25.3	27.5	21.9
γ_{71} /(°)	90.0	57.5	90.0	48.2
θ_{72} /(°)	25.0	25.0	28.1	27.2
γ_{72} /(°)	90.0	90.0	90.4	−90.4

　　由表 5.5 中数据可以看出,优化后各方案后弯角有所升高,方案 1 中,后弯角增加明显,但对型线影响不大,除前缘最大厚度外,吸力侧型线几乎没有变化。各方案的型线对比可从图 5.16 中叶根、叶中、叶顶 3 个截面的叶型看出(分别为 10%、50%、90% 叶高叶型)。

　　采用 11 参数法进行造型时,后弯角对叶片中后段的压力分布影响较大,但不会改变总体压力分布的趋势,这一点也可以从图 5.17～图 5.19 的 3 个截面的压力分布看出。图中最低压力点的压力和位置也未发生明显改变,仅在局部区域压力分布发生改变。与原型方案相比,优化后各方案均存在载荷后移的情况,尤其以方案 1 变化最为明显,部分方案最低压力点有所提高,这样可以减少叶型损失与二次流损失,提升叶栅效率。从表 5.4 可以看出方案 1 的气动效率最高,方案 2 和方案 4 效率的变化与压力分布变化是相符的。对于本节算例来说,叶型损失和二次流损失的下降是效率提升的一个重要方面。图 5.20 为按照"组分流管法"进行后处理得到的原型方案和方案 1 损失沿叶高的分布。从图中可以看出,方案 1 的损失从根部到顶部均有明显降低。

　　除了上述分析以外从图 5.17～图 5.19 均可以看出在原型方案 60% 轴向弦长之后存在两个明显的压力极小值,其中图 5.18 给出了局部放大图。优化后的各个方案中这一现象减弱甚至消失,虽然最低压力点略有下移,但是此处逆压力梯度长度减少,这对于整体

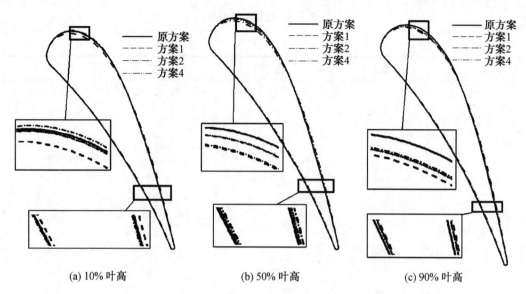

(a) 10% 叶高　　　　　　(b) 50% 叶高　　　　　　(c) 90% 叶高

图 5.16　针对静叶气膜孔方向与后弯角优化前后叶型对比

Fig. 5.16　Blade profile comparison between optimized plans and original plan(stator blade profile and film cooling holes optimization)

效率的提升也产生了积极的影响。

对于气冷涡轮效率的分析,还应注意优化前后由于气膜孔参数的变化导致的冷气与主流掺混损失的变化。冷气的掺混损失难以进行准确的量化,因此书中没有给出优化后冷气和主流的掺混损失对于效率变化的贡献。

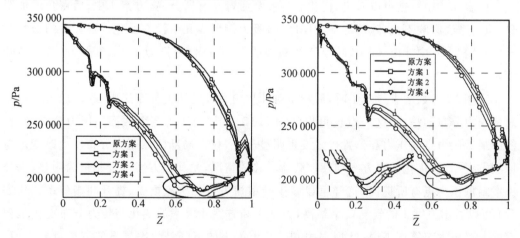

图 5.17　根部截面(10%叶高)压力分布　　　图 5.18　根部截面(50%叶高)压力分布

Fig. 5.17　Pressure distribution at 10% spanwise　　Fig. 5.18　Pressure distribution at 50% spanwise

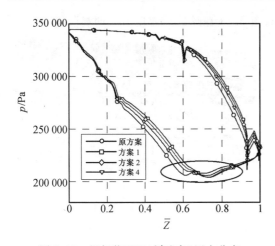

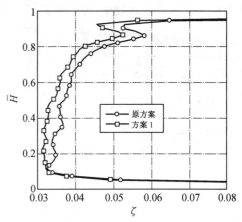

图 5.19　根部截面(90％叶高)压力分布

Fig. 5. 19　Pressure distribution at 90% span-wise

图 5.20　原方案与方案 1 损失沿叶高分布

Fig. 5. 20　Span wise loss distribution of plan1 and original plan

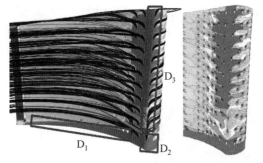

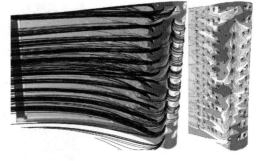

图 5.21　原方案叶片温度分布与冷气流线

Fig. 5.21　Temperature distribution and coolant streamline of original plan

图 5.22　方案 1 叶片温度分布与冷气流线

Fig. 5.22　Temperature distribution and coolant streamline of plan 1

　　图 5.21～图 5.24 为原型方案与优化后方案的温度对比,其中包含了 Row5、Row6 和 Row7 共 3 列气膜孔的冷气流线与叶片表面的温度云图。在目标函数 η_3 中存在两方面的内容:第一为叶片表面的最高温度,由于本文采用绝热壁面进行计算,所以叶片表面的最高温度几乎不变,基本等于来流燃气的滞止温度;第二部分为叶片表面温度高于 $0.9T^*$ 区域的面积大小,本节优化后各方案 η_3 的变化基本由此项导致,并且该面积的大小与 η_2 也存在直接关系,因此本节重点分析冷气喷射方向的变化对温度高于 $0.9T^*$ 区域面积大小的影响。

　　由图 5.21～图 5.24 可以看出,冷气喷射方向的变化对叶片表面冷气覆盖情况以及温度的分布影响是显著的。原型方案中该 3 列气膜孔仅存在径向 25°向上喷射的角度,而仅依靠端壁喷射的冷气不能对叶片下端壁附近的叶片区域(D_1)形成良好的冷却,所以在原方案(图 5.21)中 D_1 区域存在明显的高温区。优化后的方案 Row5 气膜孔的方向变化是一致的,均存在一定流向复合角度的同时沿叶片向下喷射,这样对于图 5.21 中的 D_1 区域产生了良好的冷却效果,可以看到图 5.23、图 5.24 在该区域温度有了明显降低。

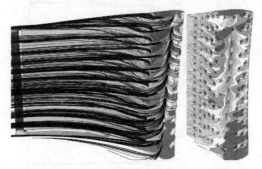 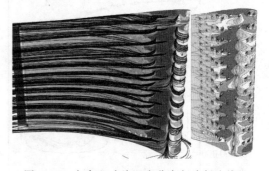

图 5.23　方案 2 叶片温度分布与冷气流线

Fig. 5.23　Temperature distribution and coolant streamline of plan 2

图 5.24　方案 4 叶片温度分布与冷气流线

Fig. 5.24　Temperature distribution and coolant streamline of plan 4

图 5.26 为叶片根部附近(图 5.25 中区域 A＋B)按照面积平均无量纲温度($T_r = t/T_0^*$)与局部最高温度和最低温度分布趋势。从图 5.26 看到,方案 2 中该区域吸力侧温度略低,但各方案的平均温度和最高温度以及最低温度变化均不大。该区域压力侧温度变化较大,优化后的方案均较原方案有了大幅度的降低,尤其以方案 2 和方案 4 降低更为明显,而且该区域的最高温度相较于原型也有了较大幅度的下降,这与上文的分析是一致的。

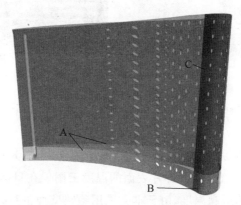

图 5.25　叶片区域划分

Fig. 5.25　Region partition of the blade

图 5.27 为叶片前缘附近(图 5.25 中区域 B＋C)按照面积平均得到的温度分布和局部点的最高温度分布图。该区域各个方案的最低温度基本等于冷气的温度,因此图 5.27 只体现该区域各个位置的平均温度和最高温度。

图 5.28 为驻点与 Row5 的位置关系,可以看到驻点位于压力侧 Row5 的偏后位置,若此处冷气喷射方向不加以控制而仅存在一个径向的喷射角度,该列大部分喷射出的冷气会被带向吸力侧,这里点可以从图 5.26 的流线看出,该列喷射出的冷气大部分由主流带入吸力侧,对叶片的冷却效果较差。在方案 1 和方案 2 中 Row5 的下半部分气膜孔在

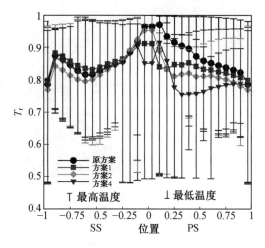

图 5.26　叶根附近温度分布(区域 A 和区域 B)

Fig. 5. 26　Temperature distribution of root region(region A and region B)

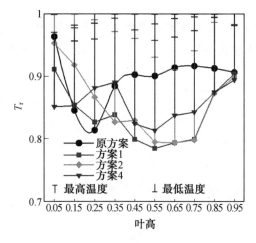

图 5.27　前缘附近温度分布(区域 B 和区域 C)

Fig. 5. 27　Temperature distribution of leading edge(region B and region C)

压力侧沿流向存在一定复合角度(γ_{51}分别为$-57.2°$和$-67.5°$),不至于使 Row5 的所有冷气随主流从吸力侧流走,部分气体仍然流向了压力侧,对压力侧高温区域也起到了明显的冷却效果。在方案 4 中,Row5 下半部分气膜孔在压力侧沿流向的角度很小(γ_{51}为$-78.8°$),因此可以看到几乎所有冷气均从吸力侧流走,这种流动虽然导致与方案 1 和方案 2 相比 D_2 区域温度下降明显,但是在压力侧底部叶片前缘附近高温区域较为明显,这一点也可以从图 5.27 中看到,在 15% 叶高以下(D_2 区域),方案 4 该区域温度最低。总体上看在高于 25% 叶高区域(D_3 区域),方案 4 温度明显高于方案 1 和方案 2,但是与原型相比已经有了较大的降低。

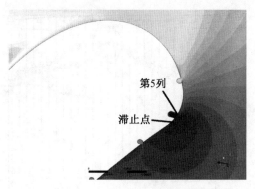

图 5.28　Row5 与驻点位置关系
Fig. 5.28　Row 5 and stagnation point position

在 Row5 上半部分区域（D_3 区域）气膜孔应存在一定的最佳喷射角度，由图 5.27 局部区域的平均温度值可以看出方案 1 和方案 2 中气膜覆盖情况明显好于方案 4 中该区域的气膜覆盖情况，而且在 D_3 区域方案 1 和方案 2 中局部最高温度（图 5.27 的最高温度）也有了明显的降低。

由以上分析可以看到，应重点考虑前缘附近接近驻点处气膜孔（Row5）喷射的冷气与主流的相互作用，合理布置此处气膜孔的喷射方向，使冷气在此处进行合理分流，以达到最佳冷却效果。

对于 Row6 气膜孔的分布发现，没有明显的规律可循。在方案 2 中 Row6 下半部分气膜孔喷射方向（γ_{61} 为 $-35.8°$）与 Row5 类似，在存在一定流向角度基础上沿叶高向下喷射，这对于 D_1 区域的气膜覆盖有一定好处，喷射方向与叶片的夹角相对于原方案有所增大（θ_{61} 为 $29.6°$），而方案 1 和方案 4 中 Row6 下半部分气膜孔均存在一定流向角度并且沿叶高向上喷射。各方案 Row6 中上半部分气膜孔均在存在一定流向角度的基础上向下喷射（γ_{62} 均小于 $0°$），这也与原型方案差别较大，不同的是在传热效果较好的方案 2 和方案 4 中 Row6 上半部分气膜孔几乎是沿着流向喷射（γ_{62} 分别为 $-12.7°$ 和 $-12.5°$）的。

Row7 对于叶片温度的影响相对于 Row5 和 Row6 更小。方案 1 中 Row7 下半部分气膜孔相对于原型同样有了流向的角度，Row7 上半部分气膜孔角度没有变化。方案 2 中 Row7 相对于原方案气膜孔偏离叶片角度增加（θ_{71} 与 θ_{72} 增加 $3°$ 左右），但是保持了沿叶高向上的纯径向喷气。方案 4 中 Row7 角度也发生了较大变化。

综上所述，对该叶片的气动效率而言，造型参数中后弯角取值在 $12°$ 左右为最佳。后弯角的变化对局部压力分布产生影响，并且消除了最低压力点附近的压力波动，有效地降低了流道内的叶型损失与横向二次流损失。对该叶片的冷却效果而言，优化后部分气膜孔喷射方向由纯径向角度改变为存在一定复合角度基础上沿叶高向下喷射，使得根部区域的冷却效果得到明显改善。前缘附近接近驻点位置的气膜孔喷射方向对前缘附近高温区温度场影响最大，并且该列气膜孔复合角度的方向与驻点位置是相关的，合理组织该列气膜孔喷射方向可以使冷气达到最佳利用率。随着冷却孔远离前缘位置，其对叶片温度场的影响也在减弱。

5.2　考虑气膜冷却的动叶优化研究

本节应用建立的考虑气膜冷却的涡轮优化平台对某涡轮动叶进行优化,与书中 5.1 节针对静叶的优化类似,针对动叶优化同样分为两部分进行,分别为针对叶型的优化和针对气膜孔方向的优化。通过对优化结果的分析,对动叶气动与传热耦合设计进行初步探讨,也进一步验证了气动与传热耦合设计与优化的必要性。

5.2.1　计算模型

本节优化所选叶片共有气膜孔 6 列,气膜孔的总体分布如图 5.29 所示,生成网格后其气膜孔在叶片表面的分布如图 5.30 所示。

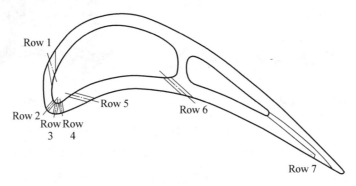

图 5.29　动叶气膜孔分布

Fig. 5.29　Location of the rotor holes

图 5.30　动叶片表面气膜孔分布

Fig. 5.30　Distribution of the rotor holes

由于网格生成复杂性和目前计算能力的限制,在针对动叶的计算过程中进行与静叶相同的简化,仅保留叶片表面气膜孔,省略内部冷却结构两腔室,优化过程中采用仅对叶型进行局部调整而不改变冷却结构形式的原则。计算域局部网格和整体网格如图 5.31

所示,总网格数为 185 万左右,单个算例计算时间为 1.5 h 左右。

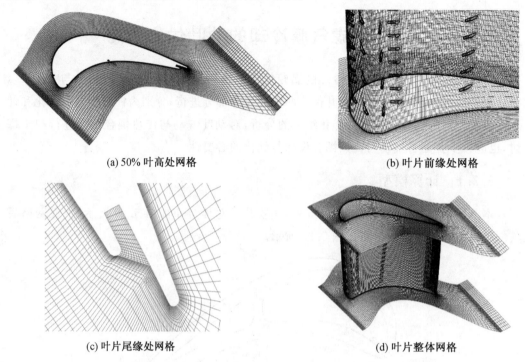

(a) 50%叶高处网格　　　　　　　　　　　　　(b) 叶片前缘处网格

(c) 叶片尾缘处网格　　　　　　　　　　　　　(d) 叶片整体网格

图 5.31　动叶计算域局部网格与整体网格

Fig. 5.31　Location of the holes and the mesh details of the rotor

　　为保证优化后的叶型对整体的总体参数(如流量等)不产生较大影响,提取两级涡轮计算中的参数作为动叶入口边界条件,计算过程中给定动叶入口总温和速度分布以及入口的冷气质量分数分布,出口边界条件给定为静压沿叶高分布,其分布形式如图 5.32 所示。

　　叶片表面参数化的孔为 6 列,共 96 个气膜孔,叶片气膜孔、尾缘劈缝、上下端壁中总冷气量占涡轮进口流量的 6.54%。计算中采用多组分计算的方式进行,冷气工质为理想气体,冷气喷射方向与气膜孔方向一致。

　　针对动叶的优化,计算过程中同样采用了保持冷气边界条件不变的简化方式,其简化依据在 5.1.1 节中针对静叶优化部分进行了说明。

5.2.2　叶型几何参数优化对静叶气动与传热的影响

　　该部分仅研究了叶型几何参数变化对 5.2.1 节涡轮动叶气动效率(η_1)与传热效果(η_2)的影响,而未涉及气膜孔方向变化的影响。该叶片采用 3 个截面造型后采用重心积迭而成,每个截面选取 5 个变量进行优化,分别为前缘直径 D_1、前楔角 W_1、后弯角 δ、安装角 β_y 和后楔角 W_2,变量写成(变量下标为造型截面的标号)

$$\boldsymbol{X}_1 = [D_{11}, W_{11}, \delta_1, \beta_{y1}, W_{21}] \tag{5.17}$$

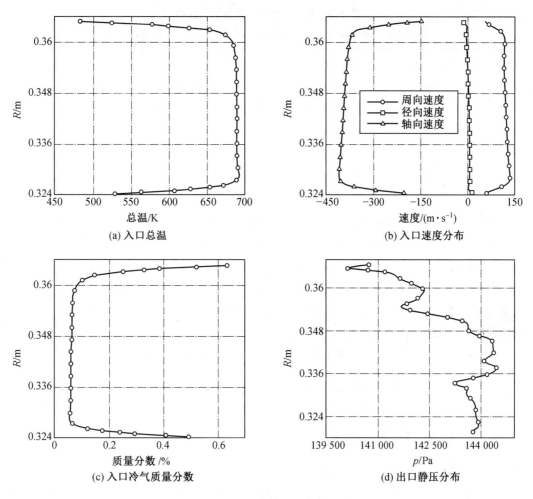

图 5.32　动叶计算边界条件分布

Fig. 5.32　Boundary condition for rotor numerical simulation

$$\boldsymbol{X}_2 = [D_{12}, W_{12}, \delta_2, \beta_{y2}, W_{22}] \tag{5.18}$$

$$\boldsymbol{X}_3 = [D_{13}, W_{13}, \delta_3, \beta_{y3}, W_{23}] \tag{5.19}$$

$$\boldsymbol{X} = [\boldsymbol{X}_1, \boldsymbol{X}_2, \boldsymbol{X}_3] \tag{5.20}$$

优化部分采用多目标优化中的 Pareto 前沿解,针对上述两个目标函数将涡轮叶栅的优化设计问题表示为如下的数学优化模型:

求 $\boldsymbol{X}^* = [\boldsymbol{X}_1, \boldsymbol{X}_2, \boldsymbol{X}_3] \in D$,使 $\min F(\boldsymbol{X}^*) = \{-\eta_1, \eta_2\}$,S. t. $g_m(\boldsymbol{X}^*) \leqslant 0, m = 1,$ $2, \cdots, M$。优化变量选取时避免了由于优化参数选择不合理造成总体参数差异较大的可能性,因此不需要对流量以及气流角等进行重新约束。对于本文 Pareto 解集具体体现为:$\boldsymbol{X}^* \in D$,不存在 $\boldsymbol{X} \in D$ 使 $F(\boldsymbol{X}) < F(\boldsymbol{X}^*)$,即同时使 $-\eta_1(\boldsymbol{X}) < -\eta_1(\boldsymbol{X}^*), \eta_2(\boldsymbol{X}) <$ $\eta_2(\boldsymbol{X}^*)$,优化中采用的算法为多目标优化算法 NSGA-Ⅱ,总样本空间约为 450 个。5.4.1 节叶栅优化过程中变量的取值范围与初始值见表 5.6。

表 5.6 动叶叶型优化变量取值范围

Table 5.6 Range of variables for rotor blade profile optimization

	D_1/mm	$W_1/(°)$	$\delta/(°)$	$\beta_y/(°)$	$W_2/(°)$
截面 1	3.1<3.6<4.1	70.0<80.0<85.0	12.2<13.2<14.2	55.0<57.5<59.5	10.5<11.5<12.5
截面 2	2.8<3.4<3.8	66.0<74.0<80.0	12.2<13.5<14.5	50.0<52.1<54.0	13.0<14.0<15.0
截面 3	2.3<2.8<3.3	70.0<79.0<85.0	11.0<12.0<14.0	46.0<48.4<50.5	7.5<8.70<9.5

优化后一 η_1 和 η_2 形成的 Pareto 前沿解如图 5.33 所示,由图可知,相对于原型点优化后方案均在不同程度上有所改善,其中气动效率改善最大值为 0.73%,传热效果改善 0.62%。优化结果显示,气动效率与传热效果呈现出明显相互制约的关系。

从图 5.33 的 Pareto 解集中选择 3 个较为典型的方案与原型方案进行对比分析,其中各个方案的气动效率(η_1)、传热效果(η_2)、叶栅负荷系数(Cu)与流量差异见表 5.7,其 Cu 的定义方式如 5.1.2 节的式(5.9)和式(5.10)。

表 5.7 不同优化方案计算结果

Table 5.7 Performance of different plans

	原方案	方案 1	方案 2	方案 3
η_1	89.99	90.71	90.35	90.14
η_2	80.93	81.23	80.63	80.32
Cu	0.7694	0.7717	0.7739	0.7744
流量差异	0%	-0.02%	0.24%	0.54%

由表 5.7 可以看出优化后动叶气动效率均有所提升,而方案 1 气动效率提升最大,而传热效果下降。各方案负荷系数均略有提升,流量最大变化约 0.54%,基本与原方案持平,符合优化设计的要求。

原方案与 3 个改型方案按上文提及的"组分流管法"进行处理后的损失沿叶高的分布如图 5.34 所示,3 个方案优化后各截面的叶型如图 5.35 所示。

从叶型对比可知优化后气动效率最高的方案 1 与原型方案最大的差异在于安装角差异,尤其是中部与顶部差异较大,方案 1 的中截面安装角增加,顶部截面安装角减小,传热效果改善较为明显的方案 3 中,中截面与顶截面的安装角变化趋势与方案 1 相反。各方案根部变化趋势趋于一致,安装角均略有降低。

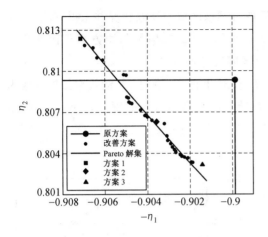

图 5.33 动叶叶型优化 Pareto 解集

Fig. 5.33 Pareto solution set of $-\eta_1$ and η_2 (rotor blade profile optimization)

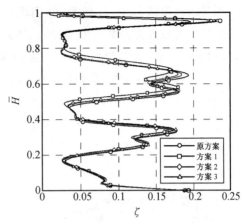

图 5.34 不同方案损失沿叶高分布

Fig. 5.34 Span wise loss distribution (rotor blade profile optimization)

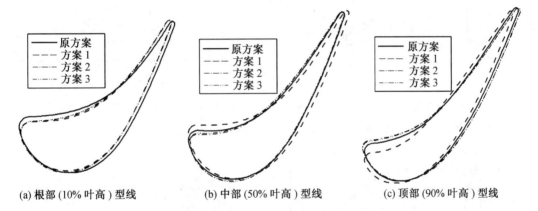

(a) 根部 (10% 叶高) 型线　(b) 中部 (50% 叶高) 型线　(c) 顶部 (90% 叶高) 型线

图 5.35 针对动叶叶型优化前后叶型对比

Fig. 5.35 Blade profile comparison between optimized plans and original plan(rotor blade profile optimization)

由叶型改变导致的 10%、50%、90% 叶高处型面压力分布变化如图 5.36～5.38 所示,从图中可以看出优化前后各截面的压力分布趋势总体不变,最低压力点位置没有发生明显变化,仅在局部区域压力发生改变。气动效率提升较为明显的方案 1 中,从图 5.34 中的损失分布可以看出,50% 叶高以上损失较高区域的范围有所减小,根部截面和中部截面压力分布均存在最低压力点上升以及载荷后移的现象,这些变化均可以降低横向二次流,减小损失。由图 5.38 可以看出,方案 1 顶部截面压力分布横向压差在 30% 轴向弦长处略有减小,该处负荷的降低可以降低由叶顶间隙造成的泄漏涡强度和尺度,以上因素是方案 1 气动效率提升的重要因素。传热效果较好的方案 3 中,各截面最低压力点有所降低,整个叶片的横向压差增大,叶片的负荷上升,这一点也可以从表 5.7 中的负荷系数看出,正是由于这些因素,方案 3 的气动效率提升有限。

原型叶片的计算结果显示,在叶片前缘由于未被冷气覆盖,直面来流高温燃气,因此存在明显的高温区,如图 5.39 所示,而优化后的方案该区域的高温状况并未得到改善,在传热效果改善较大的方案 3 中,虽然总体效果改善约 0.62%,但是与原方案相比其改善的区域均位于 30% 弦长以后,而对前缘的高温区域没有影响。

从本节针对气冷涡轮动叶叶型的优化可知,仅对叶型进行优化,气动效率虽提升较为明显,但对于传热效果的改善却有限,尤其是对叶片前缘高温区域的影响较小,涡轮的整体性能提升有限,通过此优化算例也说明了在针对气冷涡轮的优化过程中,同时对叶型和气膜孔或者冷却结构优化的必要性。

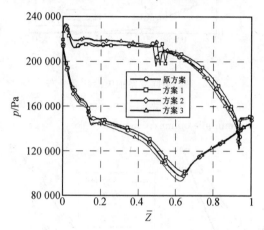

图 5.36　根部截面(10%叶高)压力分布

Fig. 5.36　Pressure distribution at 10% spanwise

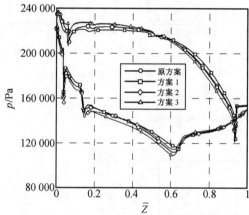

图 5.37　中截面(50%叶高)压力分布

Fig. 5.37　Pressure distribution at 50% spanwise

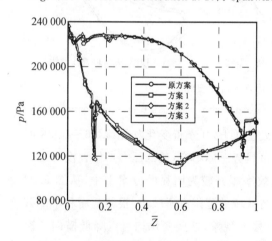

图 5.38　顶部截面(90%叶高)压力分布

Fig. 5.38　Pressure distribution at 90% spanwise

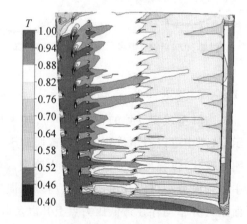

图 5.39　原型方案叶片温度分布

Fig. 5.39　Temperature distribution of original plan

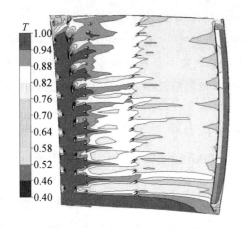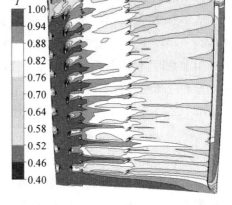

图 5.40　方案 1 叶片温度分布　　　　　　图 5.41　方案 3 叶片温度分布

Fig. 5.40　Temperature distribution of plan 1　　　Fig. 5.41　Temperature distribution of plan 3

5.2.3　叶型与冷却孔参数同时优化对动叶气动与传热的影响

本节研究了气膜孔喷射方向和叶型几何参数变化对 5.2.1 节提及的涡轮动叶气动效率（η_1）、传热效果（η_2）与 η_3 的影响。对于 η_3 中 t_{ref} 书中取试验工况动叶入口总温 680 K，χ 温度系数取 0.8。

通过 5.2.2 节中针对叶型的优化可知，该叶片前缘区域存在明显高温区，因此选择图 5.29 中的 Row2、Row3、Row4 和 Row5，该 4 列气膜孔的方向作为优化变量进行优化，其中 Row2 共有气膜孔 11 个，Row3 共有气膜孔 10 个，Row4 共有气膜孔 11 个，Row5 共有气膜孔 22 个。同样将每一列气膜孔分为上下两部分分别给定气膜孔的方向，下端壁与中径之间气膜孔称之为第一部分，中径处到上端壁之间气膜孔称之为第二部分。Row2 和 Row4 第一部分有 5 个气膜孔，第二部分为 6 个气膜孔，Row3 两部分各有 5 个气膜孔，Row5 两部分各有 11 个气膜孔，关于气膜孔的变量可以写为式（5.21）～式（5.24）。其中 θ_{21} 与 γ_{21} 表示 Row2 第一部分气膜孔的 θ 和 γ，同理得其余变量命名方法。在对气膜孔的方向进行优化时，造型参数中对气动效率影响较大的后弯角 δ 也选为优化变量，变量写为式（5.25）。所有优化变量可以写为式（5.26）。

$$\boldsymbol{X}_1 = [\theta_{21}, \gamma_{21}, \theta_{22}, \gamma_{22}] \tag{5.21}$$

$$\boldsymbol{X}_2 = [\theta_{31}, \gamma_{31}, \theta_{32}, \gamma_{32}] \tag{5.22}$$

$$\boldsymbol{X}_3 = [\theta_{41}, \gamma_{41}, \theta_{42}, \gamma_{42}] \tag{5.23}$$

$$\boldsymbol{X}_4 = [\theta_{51}, \gamma_{51}, \theta_{52}, \gamma_{52}] \tag{5.24}$$

$$\boldsymbol{X}_5 = [\delta_1, \delta_2, \delta_3] \tag{5.25}$$

$$\boldsymbol{X} = [\boldsymbol{X}_1, \boldsymbol{X}_2, \boldsymbol{X}_3, \boldsymbol{X}_4, \boldsymbol{X}_5] \tag{5.26}$$

优化过程中冷却结构形式保持不变，叶型也不会发生较大变化，而且在优化过程中又保证了气膜孔轴向位置不变，因此外部气膜孔处流场的静压变化不大，对优化前后流量影响很小。

针对上述 3 个目标函数将该优化设计问题表示为如下的数学模型：

求 $\boldsymbol{X}^* = [\boldsymbol{X}_1, \boldsymbol{X}_2, \boldsymbol{X}_3, \boldsymbol{X}_4, \boldsymbol{X}_5] \in D$，使 $\min F(\boldsymbol{X}^*) = \{-\eta_1, \eta_2, \eta_3\}$，S. t. $g_m(\boldsymbol{X}^*) \leqslant 0$，$m = 1, 2, \cdots, M$。优化过程中前缘附近气膜孔方向的改变不会对总体参数产生较大影响，选择叶型参数时，仅选取后弯角作为变量，对总体参数影响较小。因此在优化过程中不需要对流量和气流角进行重新约束。

本节 Pareto 解集体现为：$\boldsymbol{X}^* \in D$，不存在 $\boldsymbol{X} \in D$ 使 $F(\boldsymbol{X}) < F(\boldsymbol{X}^*)$，即同时使：$-\eta_1(\boldsymbol{X}) < -\eta_1(\boldsymbol{X}^*)$，$\eta_2(\boldsymbol{X}) < \eta_2(\boldsymbol{X}^*)$，$\eta_3(\boldsymbol{X}) < \eta_3(\boldsymbol{X}^*)$。优化中采用算法为多目标优化算法 NCGA。由上文描述，该算例变量总个数为 19 个，总样本空间为 750 个左右。

本节所选取的变量及其优化取值范围与初始值见表 5.8，由表中数据可知原型方案的前缘附近（Row2、Row3、Row4）3 列气膜孔仅在径向存在 25°方向角，而没有轴向复合角度；而 Row5 仅存在流向的角度，而没有径向角度。

表 5.8　气膜孔与叶型优化变量取值范围

Table 5.8　Range of variables for rotor blade profile and film cooling holes optimization

		第一部分	第二部分
θ /(°)	Row2(θ_{21} 与 θ_{22})	20.10<25.00<37.20	20.10<25.00<37.20
	Row3(θ_{31} 与 θ_{32})	20.10<25.00<37.20	20.10<25.00<37.20
	Row4(θ_{41} 与 θ_{42})	20.10<25.00<37.20	20.10<25.00<37.20
	Row5(θ_{51} 与 θ_{52})	20.10<35.00<37.20	20.10<35.00<37.20
γ /(°)	Row2(γ_{21} 与 γ_{22})	−95.00<90.00<95.00	−95.00<90.00<95.00
	Row3(γ_{31} 与 γ_{32})	−95.00<90.00<95.00	−95.00<90.00<95.00
	Row4(γ_{41} 与 γ_{42})	−95.00<90.00<95.00	−95.00<90.00<95.00
	Row5(γ_{51} 与 γ_{52})	−95.00<0.00<95.00	−95.00<0.00<95.00
δ /(°)	10%叶高造型截面(δ_1)	11.40<13.24<15.00	
	50%叶高造型截面(δ_2)	11.40<13.50<15.00	
	90%叶高造型截面(δ_3)	10.00<12.00<14.00	

通过优化得到的性能改善的方案与 Pareto 解集如图 5.42 和图 5.43 所示，图 5.42 包含了 η_1 与 η_2 形成的 Pareto 解集，图 5.43 包含了 η_1 与 η_3 形成的 Pareto 解集，从图中可以看到相对于原型方案，优化后方案有了不同程度的改善。与静叶优化所得的趋势相同，在一定变量范围内，气动效率与传热效果和 η_3 是相互制约的，而传热效果和 η_3 的变化趋势较为一致。

本节针对解集中不同方案进行气动与传热的分析，从图中选择 3 个方案进行比较，各方案在解集中的位置如图 5.42 和图 5.43 所示，具体的目标函数数值见表 5.9。方案 1 是气动效率最高点，气动效率改善 0.36%，传热效果改善 1.32%，η_3 降低 8.63%。方案 3 为 η_3 最小方案，气动效率改善 0.19%，传热效果改善 2.15%，η_3 降低 16.83%。方案 2 介于方案 1 和方案 3 之间，气动效率改善 0.26%，传热效果改善 1.98%，η_3 改善 14.36%。

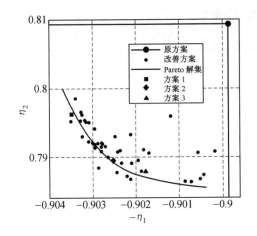

图 5.42　$-\eta_1$ 与 η_2 形成的 Pareto 解集

Fig. 5.42　Pareto solution set of $-\eta_1$ and η_2 (rotor blade profile and film cool in holes optimization)

图 5.43　$-\eta_1$ 与 η_3 形成的 Pareto 解集

Fig. 5.43　Pareto solution set of $-\eta_1$ and η_3 (rotor blade profile and film cool in holes optimization)

　　从以上数据可以看出,与仅对叶型优化相比,针对该叶栅进行气膜孔方向和叶型同时优化,传热效果与 η_3 改善较为明显,而由于仅选取后弯角作为叶型优化变量,其叶型变化更小,因而气动效率提升有限。本节选取 Pareto 解集中方案 1 与方案 2 进行分析。原型方案和优化后各方案的优化变量取值见表 5.10。

表 5.9　不同优化方案计算结果

Table 5.9　Performance of different plans

	原方案	方案 1	方案 2	方案 3
η_1	89.99	90.35	90.25	90.18
η_2	80.93	79.61	78.95	78.78
η_3	62.22	53.59	47.86	45.39

　　由表 5.10 中数据可知,优化后方案在根部和中部后弯角提升,顶部后弯角下降,但优化前后叶型相差较小,尤其是优化后的方案之间叶型较为一致,仅在吸力侧最大厚度处以及压力侧尾部与原方案相差较大。各方案型线可从图 5.44 中根、中、顶 3 个截面的叶型对比看出(分别为 10%、50%、90% 叶高叶型)。

　　由表 5.10 中数据可知,优化后方案在根部和中部后弯角提升,顶部后弯角下降,但优化前后叶型相差较小,尤其是优化后的方案之间叶型较为一致,仅在吸力侧最大厚度处以及压力侧尾部与原方案相差较大。各方案型线可从图 5.44 中根、中、顶 3 个截面的叶型对比看出(分别为 10%、50%、90% 叶高叶型)。

表 5.10　优化变量取值

Table 5.10　Value of optimization variables

	原型	方案 1	方案 2
δ_1 /(°)	13.24	14.94	14.94
δ_2 /(°)	13.50	14.91	14.89
δ_3 /(°)	12.00	11.75	10.33
θ_{21} /(°)	25.00	28.54	25.19
γ_{21} /(°)	90.00	−7.82	−16.75
θ_{22} /(°)	25.00	20.19	26.82
γ_{22} /(°)	90.00	33.21	34.30
θ_{31} /(°)	25.00	28.22	31.37
γ_{31} /(°)	90.00	−75.45	63.59
θ_{32} /(°)	25.00	37.01	24.59
γ_{32} /(°)	90.00	84.59	−32.47
θ_{41} /(°)	25.00	31.31	27.04
γ_{41} /(°)	90.00	−14.59	−37.97
θ_{42} /(°)	25.00	22.60	24.23
γ_{42} /(°)	90.00	−54.74	−45.40
θ_{51} /(°)	35.00	22.05	24.05
γ_{51} /(°)	0.00	−29.42	−49.79
θ_{52} /(°)	35.00	24.60	21.20
γ_{52} /(°)	0.00	−45.22	−61.85

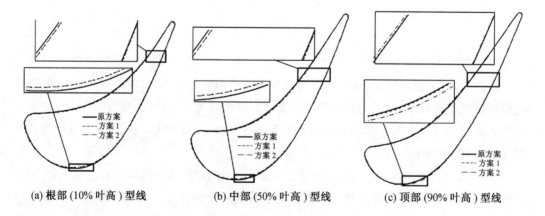

(a) 根部 (10% 叶高) 型线　　(b) 中部 (50% 叶高) 型线　　(c) 顶部 (90% 叶高) 型线

图 5.44　针对静叶气膜孔方向与后弯角优化前后叶型对比

Fig. 5.44　Blade profile comparison between optimized plans and original plan(rotor blade profile and film cooling holes optimization)

　　后弯角变化会对叶型产生影响,进而对各截面压力分布的影响可以从图 5.45～图 5.47 中看出,对于该叶栅来说,后弯角对于压力分布的影响主要集中于 20% 轴向弦长位置至最低压力点位置之间的吸力侧,而对压力侧的影响主要集中于 50% 弦长之后,并且其对压力分布吸力侧的影响明显大于对压力侧的影响。可以看到各个截面的载荷均存在后移的现象,尤其是根部与中部区域,并且根部和中部区域的最低压力点的压力值有所提升,但是压力分布总体形式并没有发生变化,优化前后基本保持了均匀加载的特性。载荷的后移以及最低压力点压力值的提升,降低了由于横向二次流造成的损失,这是该叶栅的气动效率提升的重要方面。

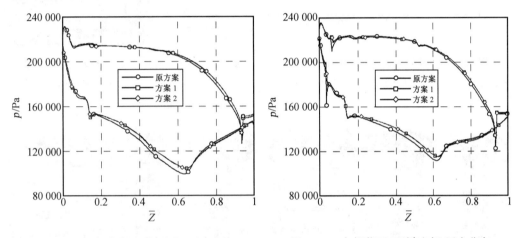

图 5.45　根部截面(10% 叶高)压力分布　　图 5.46　中部截面(50% 叶高)压力分布

Fig. 5.45　Pressure distribution at 10% spanwise　Fig. 5.46　Pressure distribution at 50% spanwise

　　以上仅仅分析了由后弯角变换导致的压力分布对效率的影响,而在气冷涡轮中还应注意优化前后由于气膜孔参数的变化导致的冷气与主流掺混损失的变化。冷气的掺混损失难以进行准确的量化,文中没有给出优化后冷气和主流的掺混损失对于效率变化的贡献。

　　图 5.48～图 5.50 为原方案与优化后的方案 1 和方案 2 的对比,其中包含了 Row2～Row5 共 4 列气膜孔的冷气流线与叶片表面的温度云图。从图中可以看到动叶前缘仍直面来流燃气,其高温区依然存在,由此可知仅对气膜孔方向和后弯角的优化对叶片最高温度影响较小,所以在针对该算例的优化目标函数 η_3 中,影响 η_3 变化的主要因素是叶片表面温度高于 $0.8T_0^*$ 区域的面积大小。从图中可以看到优化后的方案主要在叶片表面的两个区域温度下降得较为明显,第一个区域为叶片根部压力侧区域(图 5.48 中区域 D_1),第二区域为叶片表面气膜孔 Row5 之后的区域(图 5.48 中区域 D_2),这两个区域温度的下降主要由气膜孔 Row4 和 Row5 冷气喷射方向的变化导致,而叶片前缘的高温区域情况几乎没有得到改善。

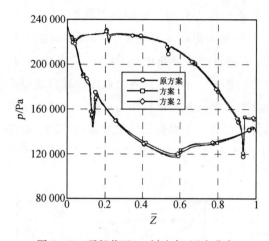

图 5.47　顶部截面(90％叶高)压力分布

Fig. 5.47　Pressure distribution at 90％ spanwise

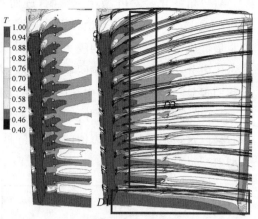

图 5.48　原方案叶片温度分布与冷气流线

Fig. 5.48　Temperature distribution and coolant streamline of original plan

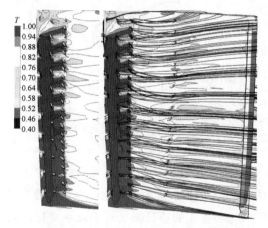

图 5.49　方案 1 叶片温度分布与冷气流线

Fig. 5.49　Temperature distribution and coolant streamline of plan 1

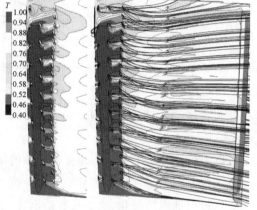

图 5.50　方案 2 叶片温度分布与冷气流线

Fig. 5.50　Temperature distribution and coolant streamline of plan 2

　　图 5.51 为叶片根部附近(图 5.52 中区域 A)按照面积平均无量纲温度($T_\mathrm{r}=t/T_{41,w}^{*}$)与局部最高温度和最低温度分布趋势,其中 $T_{41,w}^{*}$ 为动叶入口按质量平均后的相对总温。从图 5.51 可以看出,方案 1 与方案 2 该区域压力侧的平均温度有了大幅下降,这一点从图 5.48 与图 5.50 中该区域的温度对比云图中也可以看出,尤其是传热效果改善较大的方案 2 该区域平均温度较为均匀,其最高温度有了较大幅度的降低。从图 5.51 中可以看出,原方案与优化后的方案该区域吸力侧温度基本没有变化。

　　图 5.53 与图 5.54 分别为叶片压力侧前缘附近(分别为图 5.52 中区域 B 和区域 C)按照面积平均无量纲温度与局部最高温度和最低温度的分布趋势。从图 5.53(图 5.52 中区域 B)中可以看到,优化后的方案 1 和方案 2 该区域平均温度得到了显著的降低,但

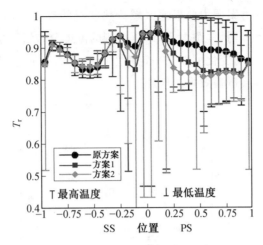

图 5.51　叶根附近温度分布（区域 A）

Fig. 5.51　Temperature distribution of root region（region A）

是其最高温度几乎没有变化，接近叶片前缘区域的最高温度。图 5.54 中显示优化后的方案该区域（图 5.52 中区域 C）的平均温度与最高温度都得到了下降，尤其是方案 2 的温度下降更加明显。

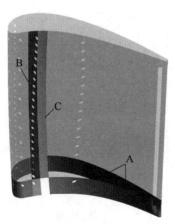

图 5.52　叶片区域划分

Fig. 5.52　Region partition of the blade

从表 5.10 可知优化后气膜孔方向发生较大变化，前缘附近 Row2、Row3 和 Row4 均由原来的仅在径向存在角度（$\theta=25°$，$\gamma=90°$）变为沿流向存在一定角度（$\gamma\neq90°$），而原来仅存在流向喷射角度的 Row5（$\theta=35°$，$\gamma=0°$）也变为复合角度（$\gamma\neq0°$）。针对该动叶的优化，吸力侧气膜孔（Row2、Row3）方向的变化对传热效果改善不明显，这一点由图 5.51 的温度分布情况也可看出，传热效果改善的区域主要集中于压力侧，因此本节只分析位于吸力侧的气膜孔（Row4、Row5）方向变化的影响。

优化后不同方案之间，压力侧两列气膜孔（Row4、Row5）上下两部分方向变化趋势相同，均存在径向沿叶高向下的角度（$\gamma<0°$），由图 5.49 和图 5.50 的冷气流线可知，这种变

化直接导致了优化后的方案压力侧根部区域传热状况的改善,与原型方案相比(图5.48)其根部高温区域面积下降明显,图5.52中压力侧的温度分布情况也反映了这一现象。同时,该区域冷气喷射方向的变化可以在一定程度上抵抗由于通道涡卷吸造成的冷气偏离叶根区域而影响根部气膜覆盖效果的作用。

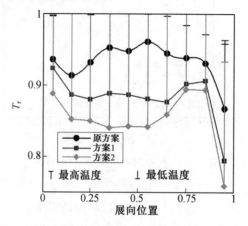

图 5.53　前缘附近温度分布(区域 B)

Fig. 5.53　Temperature distribution of leading edge(region B)

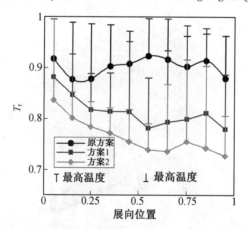

图 5.54　前缘附近温度分布(区域 C)

Fig. 5.54　Temperature distribution of leading edge(region C)

　　对于图 5.52 中区域 B 和区域 C,优化后的温度下降也主要得益于该区域附近的气膜孔(Row4、Row5)冷气喷射方向的变化,由于优化后其喷射方向存在沿叶高向下的径向复合角度,该复合角度可以适当抵消由旋转导致的离心力对冷气流动方向的影响。图 5.48～图 5.50 的冷气流线的方向显示了该效应的影响,从图 5.48 的原方案流线可以看到冷气喷射出气膜孔之后过早的向叶片顶部区域偏移,其利用率较低,对叶片的冷却效果较差,而与原方案相比优化后的方案由于喷射方向的变化,冷气并没有过早地被带入顶部区域,而是沿流向相对均匀地分布于叶片表面,提升了冷气的利用率。由于气膜孔方向的变化,冷气相对均匀地分布于叶片表面,因此由于叶顶间隙导致的泄漏流动中的冷气含量下降,从图 5.48、图 5.49 或图 5.50 叶顶区域冷气的流动趋势的对比中也可以看到这一现象,图 5.48 显示顶部区域的冷气从气膜孔喷射出后很快的通过叶顶间隙进入吸力侧,而优化后的方案只有少量冷气在 50% 弦长之后才进入到叶顶间隙中。从上述流动现象的描述可推知,冷气喷射方向的变化可以适当降低由泄漏流动造成的冷气掺混损失以及整体的泄漏损失。

5.3　考虑气膜冷却的整级优化研究

本节应用建立的考虑气膜冷却的涡轮优化平台对某涡轮级进行优化,优化工作主要针对该涡轮级的动静叶叶型与静叶气膜孔参数进行。通过优化该涡轮级的气动效率与传热效果得到了显著改善,验证了气动与传热耦合设计与优化的必要性,也证实了该平台的工程实用性。

5.3.1　计算模型

本节所选算例为某小流量单级涡轮,其静叶共有 4 列气膜孔,总体分布如图 5.55 所示,网格生成后其气膜孔在叶片表面分布如图 5.56 所示。该涡轮基本特点为转速高,流量小,单级膨胀比大。书中所采用的计算工况条件下,涡轮动叶内存在一定分离。

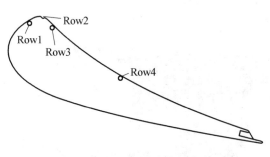

图 5.55　静叶气膜孔位置分布

Fig. 5.55　Location of the stator holes

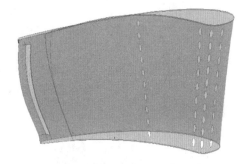

图 5.56　静叶气膜孔在叶片表面分布

Fig. 5.56　Distribution of the holes

由于网格生成的复杂性和目前计算能力的限制,在优化过程中对模型进行简化,仅保留叶片表面气膜孔,省略内部冷却结构的腔室,优化过程中保证了仅对叶型进行局部调整且不改变冷却结构形式的原则。静叶计算域局部网格和整体网格如图 5.57 所示,总网格数为 115 万左右。

动叶计算域局部网格与整体网络如图 5.58 所示,叶片无气膜孔与尾缘劈缝,动叶网格总数为 71 万左右,叶顶间隙为 0.33 mm。

计算过程中给定总温和与总压作为入口边界条件,出口边界条件给定为静压。静叶表面共有 4 列,38 个气膜孔,该涡轮总冷气量约占涡轮入口流量的 9.9%,计算中采用多组分计算的方式进行,冷气工质为理想气体,给定每一列气膜孔冷却空气流量和总温,冷

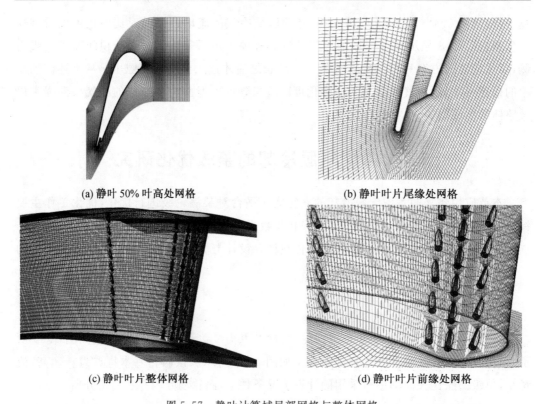

(a) 静叶 50% 叶高处网格　　　　　　　　(b) 静叶叶片尾缘处网格

(c) 静叶叶片整体网格　　　　　　　　　(d) 静叶叶片前缘处网格

图 5.57　静叶计算域局部网格与整体网格

Fig. 5.57　Location of the holes and the mesh details of the stator

(a) 动叶 50% 叶高网格　　　　　　　　　(b) 动叶整体网格

图 5.58　动叶计算域局部网格与整体网格

Fig. 5.58　Mesh details of the rotor

气喷射方向与气膜孔方向一致。

5.3.2　叶型与冷却孔参数同时优化对整级气动与传热的影响

本节重点研究了气膜孔喷射方向变化和叶型几何参数变化对 5.3.1 节涡轮级气动效率 η_t（式 2.2）与涡轮级的静叶 η_3（式 5.3）的影响。对于 η_3 中 t_{ref}，取实验燃气入口总温 T_0^*，χ 温度系数取 0.9，则 A_{tb}/A_{Blade} 表示叶片表面温度高于 $0.9T_0^*$ 区域面积与叶片总面积的比值。

该级涡轮静叶前缘附近为整个叶片温度最高区域,因此选择静叶 4 列气膜孔方向作为优化变量,即图 5.55 中 Row1、Row2、Row3 和 Row4,其中 Row1 共 9 个气膜孔,Row2 共 10 个气膜孔,Row3 共 9 个气膜孔,Row4 共 10 个气膜孔。将每一列气膜孔分为上下两部分分别给定气膜孔的方向,下端壁与中径之间气膜孔称为第一部分,中径处到上端壁之间气膜孔称为第二部分。Row1 第一部分有 5 个气膜孔,第二部分为 4 个气膜孔;Row2 和 Row4 两部分各有 5 个气膜孔;Row3 第一部分有 5 个气膜孔,第二部分为 4 个气膜孔。关于气膜孔的变量可写为式(5.27)~式(5.30)。其中 θ_{11} 与 γ_{11} 表示 Row1 第一部分气膜孔的 θ 和 γ(定义如图 5.4),同理得其余变量命名方法。优化过程中将静叶与动叶的后弯角 δ 和安装角 β_y 也作为优化变量,其中静叶 3 个造型截面的后弯角和安装角写为式(5.31),动叶 3 个造型截面的后弯角和安装角写为式(5.32)。所有优化变量可写为式(5.33)。

优化过程中前缘附近气膜孔方向的改变不会对总体参数产生较大影响,优化过程中选择叶型参数时,未选择对流量和出口气流角度影响较大的有效出口角。因此在优化过程中不需对流量和气流角进行重新约束。优化过程中采用的算法为多目标优化算法 NS-GA-Ⅱ,该算例选取变量总个数为 28 个,总样本空间为 900 个左右。

$$\boldsymbol{X}_1 = [\theta_{11}, \gamma_{11}, \theta_{12}, \gamma_{12}] \tag{5.27}$$

$$\boldsymbol{X}_2 = [\theta_{21}, \gamma_{21}, \theta_{22}, \gamma_{22}] \tag{5.28}$$

$$\boldsymbol{X}_3 = [\theta_{31}, \gamma_{31}, \theta_{32}, \gamma_{32}] \tag{5.29}$$

$$\boldsymbol{X}_4 = [\theta_{41}, \gamma_{41}, \theta_{42}, \gamma_{42}] \tag{5.30}$$

$$\boldsymbol{X}_5 = [\beta_{y_{S,1}}, \beta_{y_{S,2}}, \beta_{y_{S,3}}, \delta_{S,1}, \delta_{S,2}, \delta_{S,3}] \tag{5.31}$$

$$\boldsymbol{X}_6 = [\beta_{y_{R,1}}, \beta_{y_{R,2}}, \beta_{y_{R,3}}, \delta_{R,1}, \delta_{R,2}, \delta_{R,3}] \tag{5.32}$$

$$\boldsymbol{X} = [\boldsymbol{X}_1, \boldsymbol{X}_2, \boldsymbol{X}_3, \boldsymbol{X}_4, \boldsymbol{X}_5, \boldsymbol{X}_6] \tag{5.33}$$

本节所选取的静叶气膜孔优化变量的初值以及优化变量的取值范围见表 5.11,由表中数据可知原方案的前缘附近 3 列气膜孔仅在径向存在 25°方向角,而没有轴向复合角度。

表 5.11　气膜孔优化参数变量取值范围

Table 5.11　Range of variables for stator film cooling holes optimization

		第一部分	第二部分
$\theta/(°)$	Row1(θ_{11} 与 θ_{12})	20.1<25.0<37.2	20.1<25.0<37.2
	Row2(θ_{21} 与 θ_{22})	20.1<25.0<42.9	20.1<25.0<42.9
	Row3(θ_{31} 与 θ_{32})	20.1<25.0<37.2	20.1<25.0<37.2
	Row4(θ_{41} 与 θ_{42})	20.1<32.6<37.2	20.1<32.6<37.2
$\gamma/(°)$	Row1(γ_{11} 与 γ_{12})	−95.0<90.0<97.0	−95.0<90.0<97.0
	Row2(γ_{21} 与 γ_{22})	−95.0<90.0<97.0	−95.0<90.0<97.0
	Row3(γ_{31} 与 γ_{32})	−95.0<90.0<97.0	−95.0<90.0<97.0
	Row4(γ_{41} 与 γ_{42})	−95.0<37.5<97.0	−95.0<37.5<97.0

表 5.12 为该级涡轮的静叶与动叶安装角以及后弯角初值与优化取值范围。

表 5.12　叶型优化参数变量取值范围

Table 5.12　Range of variables for blade profile optimization

	10%叶高造型截面	50%叶高造型截面	90%叶高造型截面
β_{y_S}	28.2＜30.2＜32.2	25.6＜27.6＜29.6	26.4＜28.4＜30.4
β_{y_R}	64.7＜66.7＜68.7	57.5＜59.5＜61.5	41.7＜43.7＜45.7
δ_S	7.1＜10.1＜13.1	7.9＜10.9＜13.9	9.6＜12.6＜15.6
δ_R	8.0＜11.0＜14.0	8.4＜11.4＜14.4	9.5＜12.5＜15.5

通过优化得到的性能改善的方案与 Pareto 解集如图 5.59 所示,该图包含了 η_t 与 η_3 形成的 Pareto 解集,相对于原方案,优化后的方案有了不同程度的改善。在一定变量范围内,涡轮级的气动效率与静叶 η_3 相互制约。

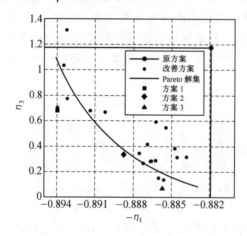

图 5.59　$-\eta_t$ 与 η_3 形成的 Pareto 解集

Fig. 5.59　Pareto solution set of $-\eta_t$ and η_3

本节针对解集中不同方案进行气动与传热的分析,从图中选择 3 个方案进行比较,各方案在解集中的位置如图 5.59 所示,具体的目标函数的数值见表 5.13。

表 5.13　不同优化方案计算结果

Table 5.13　Performance of different plans

	原方案	方案 1	方案 2	方案 3
η_t	88.19	89.39	88.87	88.57
η_3	117.34	67.26	33.51	6.86

方案 1 是气动效率最高点,相对于原方案涡轮级的气动效率提升 1.20%,η_3 降低 50.08%。方案 3 为 η_3 最小方案,气动效率改善 0.38%,η_3 降低 110.48%。方案 2 介于方案 1 和方案 3 之间,气动效率改善 0.68%,η_3 降低 83.53%。从以上数据看出针对该级进

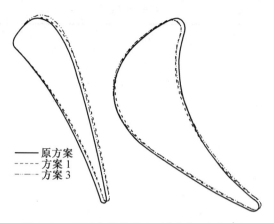

図 5.60　不同方案根部(10％叶高)叶型对比

Fig. 5.60　Blade profile comparison between optimized plans and original plan(10％ spanwise)

行优化时,效果较为明显。本节选择 Pareto 解集中的两个方案进行分析,分别为气动效率最高的方案 1 与冷却效果最好的方案 3。原方案和优化后各方案的优化变量取值见表 5.14。

表 5.14　涡轮整级优化变量取值

Table 5.14　Value of optimization variables

	原方案	方案 1	方案 2	方案 3
$\delta_{S,1}/(°)$	10.1	12.9	9.5	7.5
$\delta_{S,2}/(°)$	10.9	12.9	12.5	12.5
$\delta_{S,3}/(°)$	12.6	12.5	13.2	12.9
$\delta_{R,1}/(°)$	11.0	12.6	9.5	8.3
$\delta_{R,2}/(°)$	11.4	11.4	12.5	12.8
$\delta_{R,3}/(°)$	12.5	13.2	13.2	15.1
$\beta_{y_{S,1}}/(°)$	30.2	31.3	30.5	31.3
$\beta_{y_{S,2}}/(°)$	27.6	28.4	27.8	27.3
$\beta_{y_{S,3}}/(°)$	28.4	27.7	26.9	27.1
$\beta_{y_{R,1}}/(°)$	66.7	64.7	66.0	64.7
$\beta_{y_{R,2}}/(°)$	59.5	60.6	59.9	60.6
$\beta_{y_{R,3}}/(°)$	43.7	44.3	42.3	44.5
$\theta_{11}/(°)$	25.0	35.0	22.7	33.1
$\gamma_{11}/(°)$	90.0	−26.9	−26.47	−26.5
$\theta_{12}/(°)$	25.0	27.5	27.5	20.2

续表 5.14

	原方案	方案 1	方案 2	方案 3
$\gamma_{12}/(°)$	90.0	58.8	65.9	−56.6
$\theta_{21}/(°)$	25.0	27.2	27.2	24.8
$\gamma_{21}/(°)$	90.0	52.2	57.3	−56.5
$\theta_{22}/(°)$	25.0	30.5	30.6	38.5
$\gamma_{22}/(°)$	90.0	−81.2	7.6	−20.0
$\theta_{31}/(°)$	25.0	21.6	21.8	30.9
$\gamma_{31}/(°)$	90.0	−48.1	−48.1	31.7
$\theta_{32}/(°)$	25.0	22.2	22.2	30.1
$\gamma_{32}/(°)$	90.0	−32.2	−32.2	70.1
$\theta_{41}/(°)$	32.6	21.4	26.4	30.0
$\gamma_{41}/(°)$	37.5	−70.2	−56.2	65.8
$\theta_{42}/(°)$	32.6	30.5	22.0	33.8
$\gamma_{42}/(°)$	37.5	68.1	−88.3	86.0

　　由表中数据可知相对于原型气动效率提升最高的方案(方案 1)中静叶和动叶后弯角有一定程度提高。静叶根部截面和顶部截面安装角有所提升,顶部截面安装角下降,动叶根部安装角下降,中间截面和顶部截面安装角上升。静叶的气膜孔喷射角度相对于原方案有了较大变化,前 3 列气膜孔由简单的径向角度变为较复杂的复合角度。冷却效果较为理想的方案中(方案 3),静叶和动叶根部后弯角降低明显,其余截面后弯角有所提升。静叶的气膜孔喷射方向同样有了较明显的变化。从图 5.60～图 5.62 中可以看到优化前后 3 个截面叶型(10%、50%和 90%叶高)的对比,从图中可以看到优化前后叶型的差距较小。书中选择气动效率最好的方案(方案 1)和冷却效果最好的方案(方案 3)进行分析。

　　原方案与优化后的方案 1 其静叶各截面的压力分布与马赫数分布如图 5.63～图 5.65所示,由图可以看出方案 1 中静叶根部和中部截面均存在载荷后移的情况,并且其最低压力点也略有提升,这对于降低流道内的横向二次流,提升气动效率具有重要作用。顶部截面优化后的方案负荷明显增大,最低压力点也得到提升。从图 5.63～图 5.65 中的马赫数分布可以明显看出流道中根部与中部高马赫数区域面积有了明显下降,静叶内的激波损失有所降低,这也是效率提升的重要因素。对于该涡轮级,静叶中二次流损失与激波损失的下降是效率提升的重要方面。

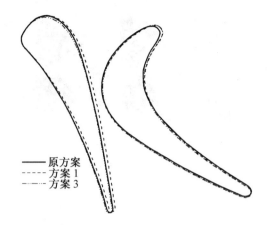

图 5.61　不同方案中部(50%叶高)叶型对比

Fig. 5.61　Blade profile comparison between optimized plans and original plan(50% spanwise)

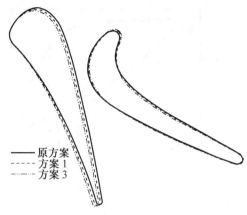

图 5.62　不同方案顶部(90%叶高)叶型对比

Fig. 5.62　Blade profile comparison between optimized plans and original plan(90% spanwise)

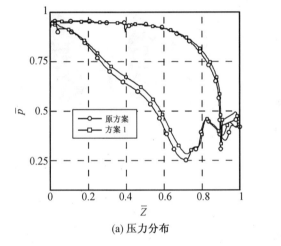

(a) 压力分布

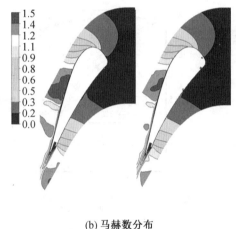

(b) 马赫数分布

图 5.63　静叶 10%叶高压力分布与马赫数分布

Fig. 5.63　Pressure distribution and Mach number distribution of the stator at 10% spanwise

　　对于该涡轮级,也应注意优化前后由于气膜孔参数的变化导致的冷气与主流掺混损失的变化。冷气的掺混损失难以进行准确的量化,因此并没有对冷气对气动效率的影响进行分析。

　　优化后涡轮级动叶各截面的压力分布如图 5.66~图 5.68 所示,从图中可以看出,与静叶压力分布不同,优化后动叶压力分布发生改变的区域均在叶片中前部,其压力绝对值有所提高,根部和中部的载荷基本不变,顶部的负荷略有提升。叶片最低压力值虽然有所下降,但降幅较小,对效率产生了不利的影响。

　　从上述分析可以看到,优化结果为静叶内的负荷下降,动叶内负荷上升。原方案的反动度为 0.31,优化后方案 1 的反动度为 0.35,反动度上升明显。图 5.69 和图 5.70 为动叶压力侧极限流线,顶部区域为吸力侧的壁面速度矢量图。由两图可以看出,虽然反动度

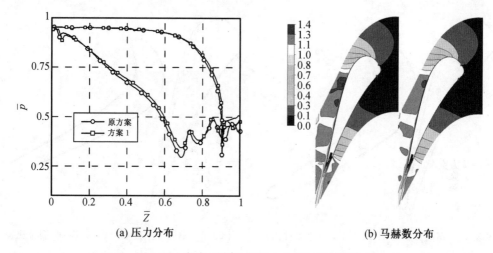

(a) 压力分布　　　　　　　　　　　　(b) 马赫数分布

图 5.64　静叶 50％叶高压力分布与马赫数分布

Fig. 5.64　Pressure distribution and Mach number distribution of the stator at 50％ spanwise

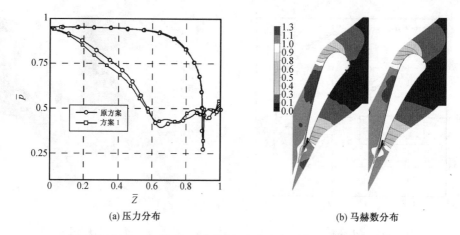

(a) 压力分布　　　　　　　　　　　　(b) 马赫数分布

图 5.65　静叶 90％叶高压力分布与马赫数分布

Fig. 5.65　Pressure distribution and Mach number distribution of the stator at 90％ spanwise

上升,但是动叶顶部区域泄漏涡尺度并没有增大。优化前后均在叶片压力侧存在一个明显分离区,但其分离形式在优化后发生了改变。优化后的方案在分离区前出现了一个分离螺旋点(图 5.70 中所标注的圆形区域),并且优化后方案分离区的位置相对于原方案向下移动,由此分离流动在径向的发展有足够的空间进行再附至叶片表面(图 5.69 和图 5.70所标注的方形区域),同时径向二次流发生变化。通过优化,动叶流道内流谱结构发生了变化,合理组织了流动,整体效率得到提升。

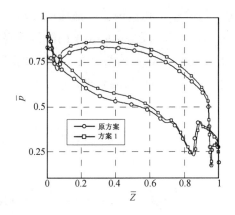

图 5.66　动叶 10％叶高压力分布

Fig. 5.66　Pressure distribution of the rotor at 10％ spanwise

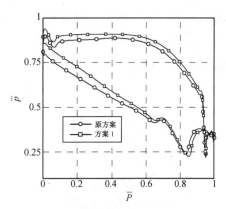

图 5.67　动叶 50％叶高压力分布

Fig. 5.67　Pressure distribution of the rotor at 50％ spanwise

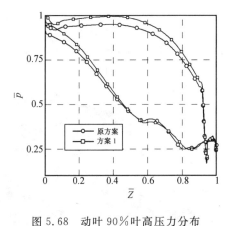

图 5.68　动叶 90％叶高压力分布

Fig. 5.68　Pressure distribution of the rotor at 90％ spanwise

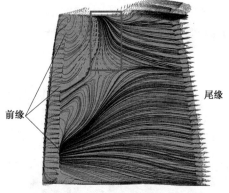

图 5.69　原方案压力侧极限流

Fig. 5.69　Pressure side limiting streamline of the rotor

　　图 5.71～图 5.73 为原方案与优化后方案静叶温度分布云图与冷气流动情况对比，可以看到优化后的方案 1 中根部冷却情况得到了改善，而顶部冷却情况恶化。这主要是因为前缘以及压力侧气膜孔方向的变化（Row2、Row3 和 Row4），其总体趋势是由原来的完全沿叶高向上喷射角度改变为存在一定沿叶高向下喷射的角度，但是此时冷气整体的流动趋势与原方案是相同的，即 Row1 和 Row2 的大部分冷气进入叶片吸力侧，Row3 和 Row4 的冷气进入叶片压力侧。所以方案 1 冷却效果的改善几乎完全得益于气膜孔方向的变化。

　　优化后的方案 3 中，叶片表面的绝热温度明显的下降，前缘附近和根部区域的高温区域几乎消失。前缘附近高温区域消失主要由于 Row2 气膜孔方向变化，图 5.73 显示 Row2 气膜孔喷射的冷气在吸力侧和压力侧均有一定分流，该列气膜孔接近前缘驻点位置，合理的气膜喷射角度可以使该列的冷气在前缘附近得到分流，从而改善前缘附近冷却情况,这一点与 5.1.3 小节针对静叶气膜孔优化的结论是相同的。根部区域冷却情况的改善主要由 Row2 和 Row3 下半部分气膜孔方向的变化引起,径向角度的降低使得根部冷气量上升,从而降低了根部区域的温度。从以上分析可以看出与方案 1 的改变不同,方案 3 中冷却效果的改善是气膜孔方向变化和主流气体共同作用的结果。

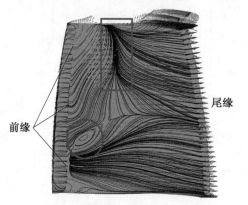

图 5.70　方案 1 压力侧极限流线

Fig. 5.70　Suction side limiting streamline of the rotor

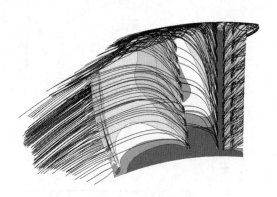

图 5.71　原方案流线和温度分布

Fig. 5.71　Temperature distribution and coolant streamline of original plan

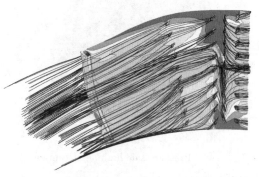

图 5.72　方案 1 流线和温度分布

Fig. 5.72　Temperature distribution and coolant streamline of plan 1

图 5.73　方案 3 流线和温度分布

Fig. 5.73　Temperature distribution and coolant streamline of plan 3

由上文分析,该涡轮气动效率提升的方案,静叶负荷略有下降,载荷后移,最低压力点压力上升,有效地降低了流到叶栅流道横向二次流损失;动叶负荷加大,涡轮的反动度上升。静叶叶栅内马赫数降低,激波损失下降;动叶叶栅通道内流谱结构的变化,对效率产生一定影响。

对于该涡轮级静叶,优化后冷却效果最佳时,端壁附近高温区的消失纯粹得益于气膜孔方向变化导致的冷气流向的变化。接近驻点处气膜孔方向的调整影响了冷气与主流燃气的相互作用,从而使前缘气膜孔冷气得到合理分流,前缘处获得了最佳的外部冷却效果,这一点上也说明了气动与冷却并行优化的必要性。

第6章 气热耦合优化及对气动与传热的影响研究

6.1 考虑气热耦合的静叶优化研究

本节应用建立的气热耦合条件下的涡轮优化平台对某涡轮静叶进行了针对叶型与弯叶片的优化,以提升其气动效率并解决尾缘区域局部烧蚀的问题。优化结果显示针对叶型优化和针对弯叶片优化,该叶栅气动效率均得到了提升,并且尾缘区域的烧蚀情况也得到了缓解,平台具有一定的工程实用价值。

6.1.1 计算模型

文中选择静叶的径高比为 2.97,该叶片仅存在一内腔,冷却气体来自于压气机末级,由叶片顶部外端壁经由内腔进入流道内端壁,返回燃烧室。计算中对模型进行简化,叶片壁厚均匀为 0.7 mm;端壁为绝热壁面;采用气热耦合方式计算叶片内外流体域和固体域的温度场和流场。外流体域网格数为 98 万,内流体域为 60 万,固体域为 20 万,均为结构化网格,如图 6.1 所示。单个算例计算耗时约为 2.8 h(CPU i7−2600,采用 7 进程并行计算)。

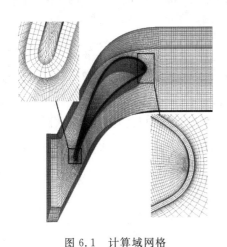

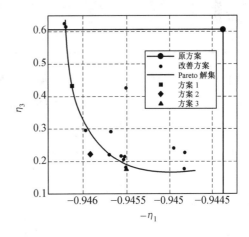

图 6.1 计算域网格

Fig. 6.1 Mesh details

图 6.2 针对叶型优化−η_1 与 η_3 的 Pareto 解集

Fig. 6.2 Pareto solution set of −η_1 and η_3 (blade profile optimization)

　　计算中边界条件给定方式:外流体域入口给定总温和总压,轴向进气,出口边界条件给定为静压沿叶高的分布,工质为燃气,其物性见式(3.1)～式(3.3);内流体域入口给定总温和总压,上端壁进气,出口给定平均静压,工质为空气。叶片固体域材料为合金K4169,密度为 8 900 kg/m³,比热为 545 J/(kg·K),导热系数为 63.7 W/(m·K)。优化目标 η_3 中 χ 温度系数取为 0.8。

6.1.2　叶型优化对气动与传热的影响

　　针对叶型优化时,采用尾缘积迭,积迭线为直线,选取变量为安装角 β_y,后弯角 δ,尾楔角 W_2,各变量定义如图 6.2 所示。选取变量时,在保证整体参数基本不变的情况下,安装角 β_y 与后弯角 δ 对叶片气动性能影响较大;原型叶片尾部接近上端壁的位置存在较明显高温区,该叶片在实际运行过程中该位置也存在烧蚀的现象,选择尾楔角 W_2 是试图通过尾缘区域局部型线的变化来改善局部的传热效果。采用图 6.2 所示的造型方法,为尽量保证优化前后流量一致和匹配状况,叶片的有效出口气流角未作为优化变量;为了使冷气流量变化不大,对冷气腔通流面积影响较大的前缘直径与前楔角也未作为优化变量。

　　成型过程中采用 3 截面造型,因此对于叶型优化的 9 个变量可以写为

$$\boldsymbol{X}_1 = \left[\delta_1, \beta_{y1}, W_{21}, \delta_2, \beta_{y2}, W_{22}, \delta_3, \beta_{y3}, W_{23}\right] \tag{6.1}$$

　　优化中采用的算法为多目标优化算法 NSGA-Ⅱ,针对叶型优化时变量的总个数为9,样本空间在 250 个左右,优化变量的取值与范围见表 6.1。

表 6.1　针对叶型优化时变量取值与范围
Table 6.1　Range of variables for blade profile optimization

	$\beta_y/(°)$	$\delta/(°)$	$W_2/(°)$
截面 1	38.00<40.76<43.00	5.00<7.00<10.00	1.20<1.61<4.00
截面 2	37.00<39.73<42.00	6.00<10.90<13.00	1.50<2.33<5.00
截面 3	36.00<38.89<41.00	7.00<13.00<15.00	1.70<2.84<6.00

　　优化后性能改善的方案与 Pareto 解集如图 6.2 所示,该图包含了 $-\eta_1$ 与 η_3 形成的Pareto 解集。可以看到,相对于原方案,优化后方案均有不同程度的改善。在一定变量范围内,$-\eta_1$ 与 η_3 是相互制约的。书中针对解集中方案进行气动与传热分析,从图 6.2 中选3 个方案比较,目标函数值和优化前后冷气量变化(Δm_1)与外流场流量变化(Δm_2)见表 6.2。

表 6.2　针对叶型优化后不同方案性能
Table 6.2　Performance of different plans

	原方案	方案 1	方案 2	方案 3
η_1	94.44	94.61	94.59	94.55
η_3	60.67	43.34	22.24	17.74
Δm_1	0%	1.51%	2.68%	2.76%
Δm_2	0%	−0.10%	−0.12%	−0.21%

由表 6.2 可以看到方案 1 气动效率较高,传热效果较差;方案 3 传热效果最好,气动效率较低。各方案气动效率接近,而方案 2 和方案 3 传热效果改善明显,因此针对叶型优化部分,选择方案 2 进行分析。优化后各方案外流场流量变化较小,而冷气量明显增加,相对于涡轮入口流量,最大增幅达 2.76%。相对于原方案 2,η_1 提升 0.17%,η_3 改善38.43%,从以上数据看出针对该叶片进行叶型优化,效果是比较明显的。

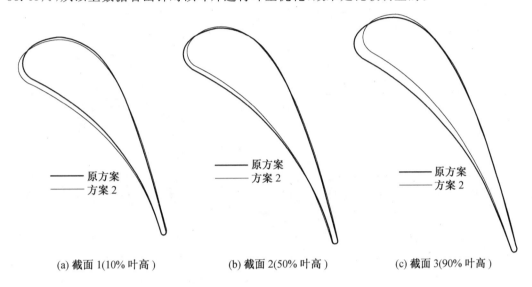

(a) 截面 1(10% 叶高)　　　　(b) 截面 2(50% 叶高)　　　　(c) 截面 3(90% 叶高)

图 6.3　原方案与优化后方案 2 叶型对比

Fig. 6.3　Blade profile comparison between original plan and plan 2

原方案与方案 2 叶型对比如图 6.3 所示,优化参数取值见表 6.3。

表 6.3　优化前后变量取值对比

Table 6.3　Variables value comparison between original plan and plan 2

	原型	方案 2
δ_1 /(°)	7.00	8.97
δ_2 /(°)	10.90	12.70
δ_3 /(°)	13.00	13.20
β_{y1} /(°)	40.76	42.32
β_{y2} /(°)	39.73	38.57
β_{y3} /(°)	38.89	36.44
W_{21} /(°)	1.61	2.30
W_{22} /(°)	2.33	3.87
W_{23} /(°)	2.84	2.99

原方案与方案 2 损失沿叶高分布如图 6.4 所示,60% 叶高以下损失降低,而超过

60％区域变化较小。出口气流角的变化如图 6.5 所示,出口气流角沿叶高分布变得不均匀,尤其是在 30％叶高区域出口气流角明显降低,此时虽然气流角减小,但是通过下文分析可知,此处的低能流体聚集到 40％叶高处,因此此处实际质量流量降低,马赫数也有所降低。出口角度分布的变化必然会造成与下游叶栅的匹配出现问题,因此在实际过程中需对下游叶栅进行匹配调整。

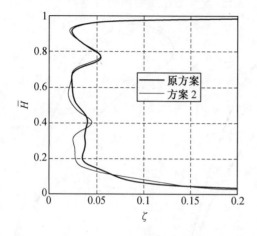

图 6.4　原方案与优化后方案 2 损失沿叶高分布

Fig. 6.4　Loss coefficient comparison between original plan and plan 2

图 6.5　原方案与优化后方案 2 出口气流角分布

Fig. 6.5　Absolute outlet flow angle comparison between original plan and plan 2

图 6.4 中在 30％叶高以下损失明显降低,由图 6.6(a)和图 6.6(b)的马赫数对比可看出,方案 2 在喉道处激波强度减弱,这是导致损失下降的重要原因。

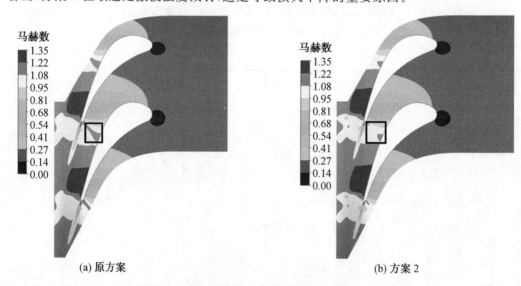

(a) 原方案　　　　　　　　　　　　(b) 方案 2

图 6.6　原方案和方案 2 马赫数分布(30％叶高处)

Fig. 6.6　Mach number distribution of original plan and plan 2

图 6.7(a)和图 6.7(b)为原方案和方案 2 的叶片吸力侧极限流线和马赫数分布。从

对比可以看出相对于原方案,方案 2 叶片中部区域马赫数分布较为均匀,但是在 40% 叶高出口处存在低速区,此处压力较低,甚至导致压力侧部分气体逆向流动至此,马赫数降低,而且这种流动会导致该处尾迹损失上升。此处损失上升原因可以归结为径向低能流体聚集与压力侧气体的逆向流动,但总体上看此处损失增加可以降低附近区域损失,这一点在图 6.4 中也有所体现。

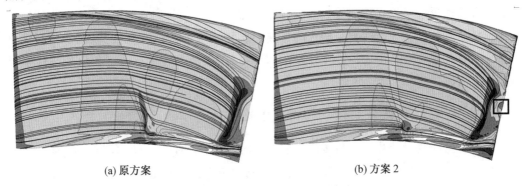

(a) 原方案　　　　　　　　　　　　(b) 方案 2

图 6.7　原方案和方案 2 吸力侧马赫数分布与极限流线

Fig. 6.7　Suction side mach number and limiting streamline of original plan and plan 2

优化后叶片表面平均温度下降 4.15%,最大温度下降 61.7 K,温度高于 $0.8T^*$ 区域的面积由 16.69% 降低至 6.63%,可以看到优化后方案传热效果明显改善。由表 6.2 知,优化后内腔冷气流量增加 2.68% 使得叶片平均温度和最高温度得到降低。

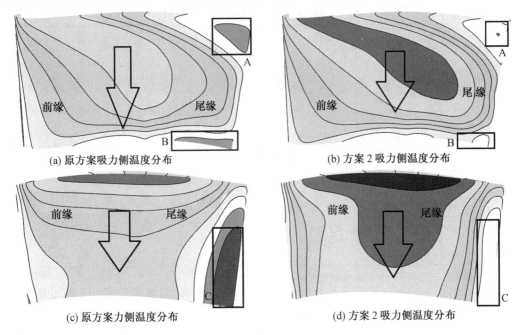

(a) 原方案吸力侧温度分布　　　　　　　　(b) 方案 2 吸力侧温度分布

(c) 原方案力侧温度分布　　　　　　　　(d) 方案 2 吸力侧温度分布

图 6.8　原方案和方案 2 叶片表面温度分布

Fig. 6.8　Temperature distribution of original plan and plan 2

图 6.8(a)和图 6.8(b)为原方案和方案 2 的吸力侧温度分布云图(箭头表示内腔冷气由顶部流至根部)。尾缘区域换热系数较高,而且该区域狭长,厚度小,冷却效果较差,叶片顶部出口处存在一高温区(区域 A),优化后高温区域面积明显降低,有利于缓解叶片的烧蚀状况。叶片根部高温区域(区域 B)面积也有一定程度降低。

图 6.8(c)和图 6.8(d)为原方案和方案 2 压力侧温度分布云图。由图可以看出,原型方案中最高温度区域出现在前缘附近(区域 C),而方案 2 前缘附近的温度大幅度下降,整个温度场更加均匀。优化前整个叶片的最高温度出现在叶片前缘附近(区域 C),而优化后整个叶片的温度最高区域出现在叶片顶部出口处(区域 A),但与原型相比最高温度降幅达 61.7 K。

6.1.3　弯叶片优化对气动与传热的影响

为考查弯叶片对叶片气动与传热影响,选择图 6.3 中的 H_1、H_2、C_1、C_2、α_1 和 α_2 为优化变量进行弯叶片优化。针对弯叶片优化时,同样选取造型参数中后弯角 δ 对叶型进行微调,成型过程中采用 3 截面造型,因此将针对弯叶片和后弯角优化的 9 个变量写为

$$X_2 = [\alpha_1, \alpha_2, C_1, C_2, H_1, H_2, \delta_1, \delta_2, \delta_3] \tag{6.2}$$

优化中采用的算法为多目标优化算法 NSGA-Ⅱ,样本空间在 250 个左右,优化变量的取值与范围见表 6.4。

表 6.4　针对弯叶片优化时变量取值与范围

Table 6.4　Range of variables for bowed blade optimization

	取值范围	初始值
$\alpha_1 / (°)$	$[-25.80, 25.80]$	0.00
$\alpha_2 / (°)$	$[-25.80, 25.80]$	0.00
C_1	$[0.30, 0.70]$	0.00
C_2	$[0.30, 0.70]$	0.00
H_1	$[0.12, 0.42]$	0.00
H_2	$[0.12, 0.42]$	0.00
$\delta_1 / (°)$	$[5.00, 10.00]$	7.00
$\delta_2 / (°)$	$[6.00, 13.00]$	10.90
$\delta_3 / (°)$	$[7.00, 15.00]$	13.00

优化后性能改善的方案与 Pareto 解集如图 6.9 所示,该图包含了 $-\eta_1$ 与 η_3 形成的 Pareto 解集。

与针对叶型优化相比针对弯叶片和后弯角进行的优化效果并不明显,尤其在传热效果上改善较小,但是在一定变量范围内,$-\eta_1$ 与 η_3 仍然是相互制约的关系。书中选择图中 3 个目标函数比较均衡的方案 4 进行分析。目标函数值和优化前后冷气量变化(Δm_1)与

外流场流量变化(Δm_2)见表 6.5。

表 6.5　针对弯叶片优化后不同方案性能

Table 6.5　Performance of original plan and plan 4

	原方案	方案 4
η_1	94.44	94.60
η_3	60.67	47.14
Δm_1	0%	0.11%
Δm_2	0%	0.68%

由表 6.5 数据可知,优化后方案相对于原方案 η_1 提升 0.15%,η_3 改善 13.53%。与叶型优化不同,针对弯叶片优化,外流场流量变化大,内腔冷气流量几乎不变。

原方案与优化方案的优化参数见表 6.6,优化后弯叶片积迭线如图 6.10 所示。可以看到优化后在超过 60% 叶高处存在明显正弯效果。

表 6.6　优化前后变量取值对比

Table 6.6 Variables value comparison between original plan and plan 4

	$\alpha_1/(°)$	$\alpha_2/(°)$	C_1	C_2	H_1	H_2	$\delta_1/(°)$	$\delta_2/(°)$	$\delta_3/(°)$
原方案	0.00	0.00	0.00	0.00	0.00	0.00	7.00	10.90	13.00
方案 4	−2.20	23.90	0.24	0.40	0.40	0.65	8.63	12.53	12.52

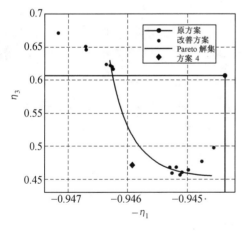

图 6.9　针对弯叶片优化—η_1 与 η_3 的 Pareto 解集

Fig. 6.9　Pareto solution set of — η_1 and η_3 (bowed blade optimization)

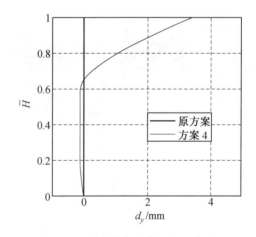

图 6.10　原方案与方案 4 积迭线对比

Fig. 6.10　Stacking line comparison between original plan and plan 4

原方案与对弯叶片进行优化后方案损失沿叶高分布如图 6.11 所示,根部区域损失变化与图 6.4 类似,而且由表 6.3 和表 6.6 数据可知根部和中截面的后弯角也较接近。由于顶部区域存在明显正弯效果,该区域压力升高,低能流体进入主流,该区域损失降低。

图6.12为原方案和优化方案出口气流角沿叶高分布,优化方案也出现了出口气流角分布不均匀的现象。顶部区域存在较大正弯角,该区域气流角增大,影响与下游叶栅的匹配,在实际应用中需对下游叶栅进行匹配调整。

方案4与方案2根部和中部区域积迭线和后弯角几乎一致,因此在图6.11中也可以看到40％叶高处损失上升,造成这一现象的原因与文中6.1.2小节分析相同。由图6.13(a)和图6.13(b)可知在30％和75％叶高处,激波强度降低,在图6.11中可以看到这两处的损失下降明显。激波损失的降低是效率提升的重要因素。

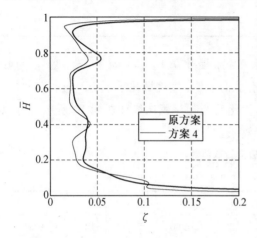

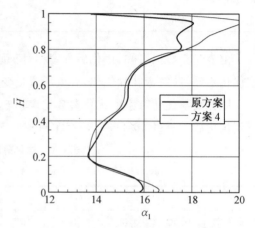

图 6.11　原方案与方案 4 损失沿叶高分布

Fig. 6.11　Loss coefficient comparison between original plan and plan 4

图 6.12　原方案与方案 4 出口气流角分布

Fig. 6.12　Absolute outlet flow angle comparison between original plan and plan 4

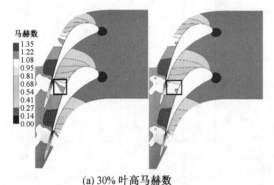

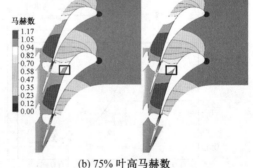

(a) 30% 叶高马赫数　　　　　　　　　　(b) 75% 叶高马赫数

图 6.13　原方案与方案 4 马赫数分布

Fig. 6.13　Mach number comparison between original plan and plan 4

针对弯叶片和后弯角优化后叶片表面平均温度下降2.4％,最大温度下降10.6 K,温度高于 $0.8\,T^*$ 区域的面积由 16.69％降低到 13.16％,其传热效果得到改善,由表6.5可知,优化后内腔的冷气流量仅增加0.11％。

图 6.14(a)和图 6.14(b)为原方案和优化后方案吸力侧温度分布云图,优化后叶顶和叶根处高温区域面积有明显降低。优化后叶片为正弯叶片,使得该区域外流场低能流体

进入主流区域,降低了此处的热负荷,同样由于弯叶片增加了内流场冷气的换热面积,使得该区域的换热效果得到改善。

图 6.14(c)和图 6.14(d)为原方案和优化方案压力侧温度分布云图,针对弯叶片和后弯角优化,优化前后高温区域均出现在叶片前缘。相对于原型,优化后前缘附近高温区域面积下降,但是高温区域在径向的位置变化不大,整个压力侧在叶片中间部分温度下降明显。

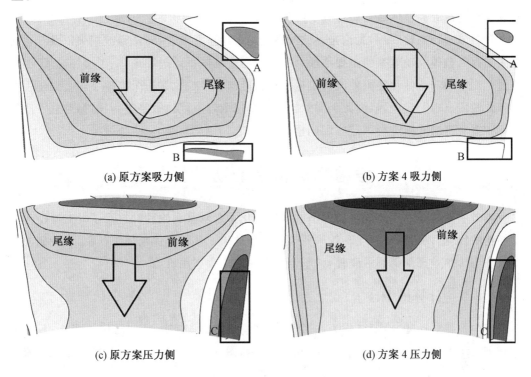

(a) 原方案吸力侧　　　　　　　　　　　　　　(b) 方案 4 吸力侧

(c) 原方案压力侧　　　　　　　　　　　　　　(d) 方案 4 压力侧

图 6.14　原方案与方案 4 温度分布

Fig. 6.14　Mach number distribution of original plan and plan 4

本节是针对某小型发动机涡轮静叶在气热耦合条件下进行多目标优化的一个初步尝试,采用多目标优化方法对该静叶气动效率和传热效果进行气热耦合优化,对优化策略和优化变量选取进行探讨。结果表明:

(1)针对该叶片叶型优化,可以通过增加叶片根部安装角与后弯角来促使低能流体集中至特定区域,在一定程度上降低根部区域激波损失。以牺牲局部区域效率的策略使得整体的气动效率提升。

(2)针对该叶片叶型优化,尾缘端区附近局部高温区域的降低由两方面的变化导致:内腔冷气流量上升 2.68%;端区附近流动改善,尤其在叶片尾缘顶部区域,安装角的降低使得低速流体区域面积降低,导致此处温度下降。由于这两方面原因,整个叶片最高温度下降 61.7 K,前缘附近和叶片顶部尾缘处高温区域面积明显降低,在一定程度上缓解烧蚀情况。

（3）针对弯叶片和后弯角优化，根部后弯角的提升同样是以局部效率的降低来提升总体效率，这一点原因与结论（1）类似。优化结果显示顶部区域较大的正弯角（23.9°），使该区域二次流减弱，提升了气动效率。

（4）针对弯叶片和后弯角优化，尾缘端区附近局部高温区域的降低由两方面的变化导致：内腔冷气流量上升 0.11%；由于正弯叶片作用，顶部区域二次流减弱，低能流体覆盖的面积下降，温度下降。由于这两方面原因，整个叶片最高温度下降 10.6 K，前缘附近和叶片顶部尾缘处高温区域面积得到了降低。

针对该小径高比叶片，无论是更改叶型还是采用正弯叶片，降低激波损失以及二次流损失是提升整体气动效率的主要手段。在叶片温度场降低的过程中，除了增加冷气流量，通过控制叶型与弯叶片使得外流场端区附近低能流体减少也是一个有效手段。上述手段会导致匹配出现一定问题，因此仍需对优化变量选取以及优化策略进行探讨，并且在应用过程中需对下游叶栅进行一定匹配调整。

6.2　考虑气热耦合的动叶优化研究

本节应用建立的气热耦合条件下的涡轮优化平台对某涡轮动叶进行了针对叶型与冷却结构的优化，以期望提升气动效率并改善传热效果。其最终优化结果显示，该叶栅的气动效率与传热效果均得到了改善，该平台具有一定工程实用价值。

6.2.1　计算模型

书中选择的动叶，冷却结构为蛇形通道，结构示意图与实际冷却结构如图 6.15 和图 6.16 所示，其 50% 叶高处横截面如图 6.17 所示，图 6.15 中箭头表示内腔冷却气体流动方向。计算过程中同样对模型进行了一定的简化，省略了叶根区域榫头，上下端壁采用了绝热壁面进行处理。外流场的叶栅流道网格总数为 105 万，内流场冷气域网格为 75 万，固体域网格为 41 万，计算区域均采用结构化网格，其中 50% 叶高网格如图 6.18 所示。其中单个算例的计算时间为 2.5 h，总样本数为 265 个，优化算法为 NCGA。

计算过程中边界条件给定方式为：外流体域给定入口各方向的速度沿叶高分布，总温沿叶高分布以及由上游带来的冷气沿叶高分布，出口给定静压沿叶高分布，工质物性见式（3.1）～式（3.3）；内流体域入口给定冷气质量流量和总温，出口给定平均静压，工质为理想气体；叶片固体域材料比热容为 545 J/(kg·K)，导热系数为 63.7 W/(m·K)。动叶叶顶间隙为叶片高度的 0.6%。

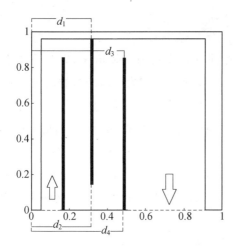

图 6.15　冷却结构示意图　　　　　图 6.16　叶片冷却结构

Fig. 6.15　Schematic diagram of cooling structure　　Fig. 6.16　Cooling structure

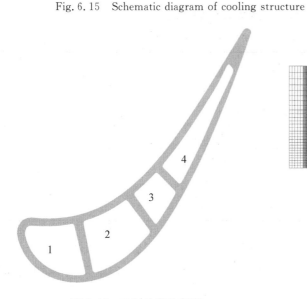

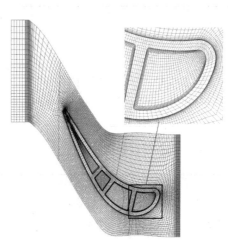

图 6.17　50％叶高处截面　　　　　图 6.18　50％叶高处网格

Fig. 6.17　Middle section (50％ spanwise)　　Fig. 6.18　Mesh details at 50％ spanwise

6.2.2　叶型几何参数与冷却结构优化对气动与传热的影响

　　本节研究叶型变化与冷却结构变化对涡轮动叶气动效率(η_1)与 η_3 影响，η_3 中 χ 温度系数取 0.9。此外在针对冷却结构优化过程中需考虑冷却结构变化对冷气流阻的影响，因此定义了与流阻相关的优化目标函数 η_{C_f}，见式(6.3)，其中 C_f 为优化算例的冷气流阻，$C_{f,\text{ori}}$ 为原方案的冷气流阻，其定义见式(6.4)，其中，P_{Inlet}^* 为冷气入口总压，P_{Outlet}^* 为冷气出口总压，v_{Inlet} 为冷气入口速度。

$$\eta_{C_f} = \frac{C_f}{C_{f,\text{ori}}} \tag{6.3}$$

$$C_{\text{f,ori}} = \frac{p_{\text{Inlet}}^* - p_{\text{Outlet}}^*}{0.5 v_{\text{Inlet}} v_{\text{Inlet}}} \tag{6.4}$$

针对该动叶进行优化时,每个造型截面选择变量为安装角 β_y,后弯角 δ,各变量定义如图 2.7 所示;选择蛇形通道的第二和第三隔板位置作为冷却结构的优化变量,如图 6.15 中的 d_1 与 d_2,d_3 与 d_4,其中 d_1 表示隔板 2 顶部在轴向弦长的位置,d_2 表示隔板 2 底部在轴向弦长的位置,d_3 表示隔板 3 顶部在轴向弦长的位置,d_4 表示隔板 3 底部在轴向弦长的位置。这样可以通过控制隔板的位置控制图 6.17 中腔室 2、腔室 3 与腔室 4 的大小。为尽量保证优化前后流量一致和匹配状况,叶片有效出口气流角并未作为优化变量。叶片成型过程中采用 2 截面造型,因此对于该优化算例 4 个叶型变量和 4 个冷却结构变量可以写为

$$\boldsymbol{X} = [\delta_1, \beta_{y1}, \delta_2, \beta_{y1}, d_1, d_2, d_3, d_4] \tag{6.5}$$

优化变量的取值与范围见表 6.7。

表 6.7 针对动叶优化变量取值与范围

Table 6.7 Range of variables for rotor blade profile and cooling structure optimization

	截面 1	截面 2
$\beta_y/(°)$	55.00<57.54<60.00	45.90<48.44<51.00
$\delta/(°)$	9.50<13.24<16.50	9.50<12.00<16.50
d_1	0.25<0.32<0.40	
d_2	0.25<0.32<0.40	
d_3	0.43<0.49<0.55	
d_4	0.43<0.49<0.55	

优化后的方案 Pareto 解集如图 6.19(a)与图 6.19(b)所示,其中图 6.19(a)为 $-\eta_1$ 与 η_3 形成的 Pareto 解集,图 6.19(b)为 η_{C_f} 与 η_3 形成的 Pareto 解集,图 6.19(b)中流阻增加 50% 以上的方案未予以显示。可以看到在一定变量范围内,$-\eta_1$ 与 η_3 是相互制约的,对于 η_{cf} 与 η_3 这种规律更加明显。书中分别在 6.19(a)及图 6.19(b)中标记了 5 个不同的方案来说明这种分布趋势。从中选择方案 1 与方案 4 进行气动与传热的分析,方案 1 特点为在流阻 C_f 增加约 10% 条件下,传热效果 η_3 略有改善,其气动效率增加为 0.39%;方案 4 中流阻保持不变条件下,传热效果 η_3 得到了大幅改善,并且气动效率提升 0.10%。

优化前后各方案目标函数的变化见表 6.8,其中方案 2 气动效率与传热效果改善均较为明显,但其流阻增加约 30%,对整个循环来讲,流阻增加会导致冷却气体在压气机中的引气位置后移,影响整个发动机性能;方案 3 与方案 4 较为接近;方案 5 为选取方案中传热效果最好的方案,而且其气动效率也略有增加,但其冷气流阻增加 36%,因此该方案不符合工程实际的需求,仅作为书中各方案的对比。由以上数据看出针对该叶片进行叶型与冷却结构的优化,取得了一定效果。

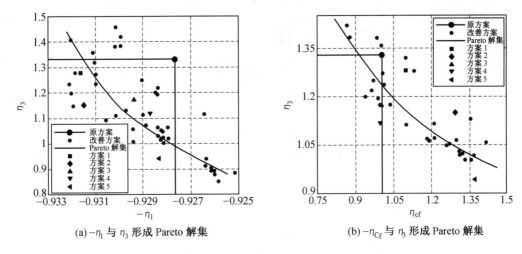

(a) $-\eta_1$ 与 η_3 形成 Pareto 解集　　　　　(b) $-\eta_{C_f}$ 与 η_3 形成 Pareto 解集

图 6.19　针对动叶优化的 Pareto 解集

Fig. 6.19　Pareto solution set (rotor blade profile and cooling structure optimization)

表 6.8　针对叶型优化后不同方案性能

Table 6.8　Performance of different plans

	原方案	方案 1	方案 2	文案 3	方案 4	方案 5
η_1	92.77	93.16	93.15	92.94	92.87	92.83
η_{C_f}	100.00	109.82	129.24	100.14	99.78	136.95
η_3	132.92	127.95	115.04	117.16	111.89	94.35

　　图 6.20 为优化前后各方案隔板位置,由图中可以看到传热效果改善较为明显的方案 4 中分割腔室 2 与腔室 3 的隔板相对位置几乎不变,分割腔室 3 与腔室 4 的隔板位置明显后移,但是腔室 4 通流面积的下降对于流阻影响不大,对流阻影响较大的是腔室 2 与腔室 3 通流面积的变化。在方案 1 中腔室 2 和腔室 3 的相对通流面积发生了较大的变化,腔室 2 根部区域通流面积明显下降,同时也造成了腔室 3 顶部通流面积的减小,对冷气形成了明显的节流作用,造成了流阻的上升。表 6.9 为优化前后方案 1 和方案 4 的变量取值。

表 6.9　优化前后变量取值对比

Table 6.9　Variables value comparison between original plan and optimized plans

	原方案	方案 1	方案 4
δ_1 /(°)	13.24	13.68	13.91
δ_2 /(°)	12.00	14.86	11.65
β_{y1} /(°)	57.54	58.23	55.24
β_{y2} /(°)	48.44	50.74	49.28
d_1	0.32	0.37	0.33
d_2	0.32	0.27	0.31
d_3	0.49	0.49	0.52
d_4	0.49	0.49	0.52

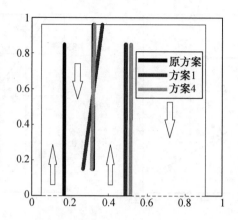

图 6.20　优化前后各方案隔板位置

Fig. 6. 20　Separators location of original plan and optimized plans

　　图 6.21 为优化前后根部不同方案叶型与压力分布对比,由图 6.21(a)、图 6.21(c)和图 6.21(e)与表 6.9 可以看到方案 1 中,根部后弯角与安装角变化增加较小,而顶部后弯角与安装角均增加明显。对于传热方案较好的方案 4 中,根部安装角下降较为明显,其余叶型变量变化相对较小。由图 6.21(b)、图 6.21(d)和图 6.21(f)压力分布可以看到,根部压力分布明显存在载荷后移以及最低压力点提升的现象,其中方案 1 尤其明显,这在一定程度上降低了叶片内横向二次流,促进了气动效率的提升,方案 4 中虽然也存在最低压力点提升的现象,但其载荷分布与原型接近,并且载荷略有前移,限制了效率的进一步提升。顶部区域中方案 1 与方案 4 的后弯角差异较大,压力分布规律也差异较大,方案 1 中载荷后移与最低压力点提升现象更为显著,尤其在 50% 弦长处的压力分布变化最为明显,顶部区域横向压差的降低,不仅削弱了通道内的横向二次流,同时也降低了顶部间隙内的横向流动,降低了泄漏损失,同时此处通道内的最高马赫数由 0.92 降至 0.86;方案 4 中压力分布和流动特性和原方案较为一致。

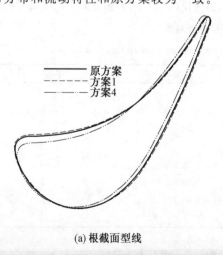

(a) 根截面型线

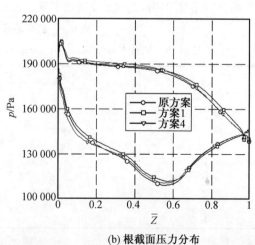

(b) 根截面压力分布

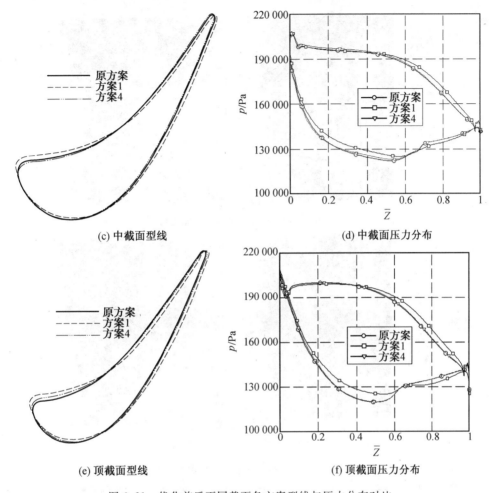

(c) 中截面型线　　　　　　　　　(d) 中截面压力分布

(e) 顶截面型线　　　　　　　　　(f) 顶截面压力分布

图 6.21　优化前后不同截面各方案型线与压力分布对比

Fig. 6.21　Blade profile and pressure distribution comparison between original plan and optimized plan

　　通过上述内容可知,优化后气动效率得到提升的方案,存在最低压力点上升,载荷后移现象,有利于降低流道内横向二次流。优化后,后弯角变化较大的方案其压力分布变化程度也相对较大,该算例压力分布受安装角影响相对较小。

　　图 6.22(a)和图 6.22(b)分别为原方案与方案 4 叶片压力侧和吸力侧温度分布,由图可知优化后的方案 4 中,前缘压力侧高温区域面积显著下降,叶片最高温度降低 5 K;原型叶片尾缘根部区域存在一高温区域,优化后该高温区域面积大幅降低。从整体看,优化后叶片高温区域面积下降是传热效果提升的主要因素,叶片温度场的最高温度值也略有降低,针对动叶的气热耦合优化取得了一定效果。

　　图 6.23 为不同方案 25% 叶高处冷气流线,由图 6.23(a)与图 6.23(c)可知,原方案与方案 4 流场结构较为接近,冷却结构中第三块隔板位置变化并未对冷气流动产生较大的影响。对于方案 1,冷却结构中第二块隔板位置的变化使得腔室 2 与腔室 3 的通流面积发生了较大的变化,流体的流动速度重新分布,在哥氏力作用下,冷气的涡量与流场结构

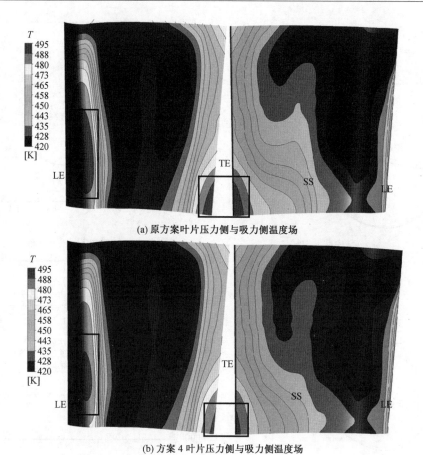

(a) 原方案叶片压力侧与吸力侧温度场

(b) 方案 4 叶片压力侧与吸力侧温度场

图 6.22　原方案和方案 4 叶片温度分布

Fig. 6.22　Blade temperature distribution of original plan and plan 4

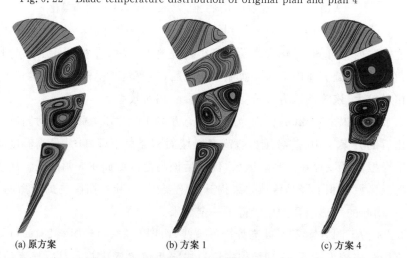

(a) 原方案　　　　　　　(b) 方案 1　　　　　　　(c) 方案 4

图 6.23　不同方案 25％叶高处冷气流线

Fig. 6.23　Coolant streamline of different plans at 25％ spanwise

均发生了相应变化,进一步影响了换热的效果。方案 4 中叶片前缘传热状况的改善主要是由于型线的变化导致的,其根部区域由于安装角降低,叶片的最大厚度发生变化,影响了腔室的通流面积,进而导致冷气的流速变化,影响换热效果;蛇形通道内的第三个隔板位置后移使得腔室 4 通流面积下降,冷气在腔室 4 内的流动速度上升,导致尾缘根部区域传热状况改善。

6.3　考虑气热耦合的整级优化研究

本节应用建立的涡轮气热耦合优化平台对某涡轮级进行优化,优化工作主要针对静叶和动叶的叶型与冷却结构。通过优化该涡轮气动效率与传热效果得到改善,验证了气动与传热耦合设计与优化的必要性,也证实了该平台的工程实用性。

6.3.1　计算模型

整级气热耦合优化时静叶冷却结构示意图与实际冷却结构如图 6.24 和图 6.25 所示,图 6.24 中箭头表示内腔冷却气体流动方向。

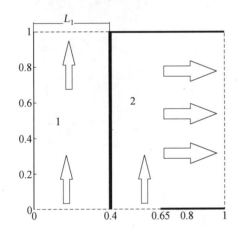

图 6.24　静叶冷却结构示意图

Fig. 6.24　Schematic diagram of stator cooling structure

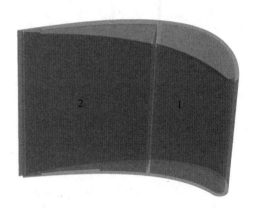

图 6.25　静叶冷却结构

Fig. 6.25　Stator cooling structure

图 6.26 为该叶片冷却结构存在两个腔室,其中腔室 1 的冷气由叶片根部进入,由叶顶区域进入外端壁;腔室 2 冷气由根部进入叶片内部,由尾缘劈缝进入叶栅流道内。静叶固体域网格为 16 万,外流场网格为 96 万,内流体域网格数为 59 万,计算域均采用结构化网格,其中 50% 叶高网格如图 6.27 所示。

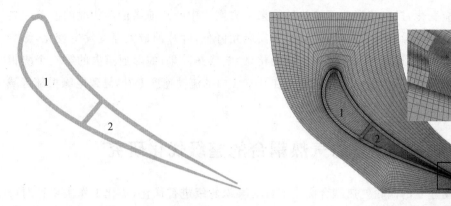

图 6.26　静叶 50％叶高处截面　　图 6.27　静叶 50％叶高处网格

Fig. 6.26　Middle section of stator (50％ spanwise) Fig. 6.27　Mesh details of stator at 50％ spanwise

　　动叶冷却结构示意图与实际冷却结构如图 6.28(a)与图 6.28(b)所示,图 6.28(a)中箭头表示内腔冷却气体流动方向。

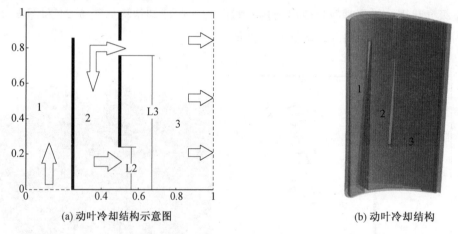

(a) 动叶冷却结构示意图　　　　　　　(b) 动叶冷却结构

图 6.28　动叶冷却结构示意图与实际冷却结构

Fig. 6.28　Schematic diagram and cooling structure of rotor

　　图 6.29 为该叶片冷却结构存在 3 个腔室,其中冷气由腔室 1 根部区域进入叶片内部,由腔室 2 进入腔室 3,然后由尾缘劈缝进入叶栅流道内。为缓解叶顶区域的燃气倒灌问题,将分隔腔室 2 与腔室 3 的隔板分为两段,加强冷却结构内部顶部区域的通流能力,因此腔室 2 与腔室 3 有两个位置相通(图 6.28)。动叶固体域网格为 17 万,外流场网格为 96 万,内流体域网格数为 51 万,计算域均采用结构化网格,其中 50％叶高网格如图 6.30 所示。

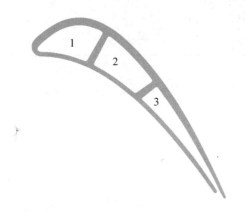 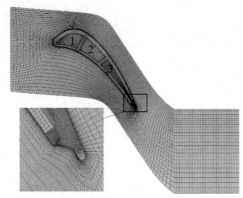

图 6.29　动叶 50％叶高处截面　　　　　图 6.30　动叶 50％叶高处网格

Fig. 6.29　Middle section of rotor（50％ spanwise）　Fig. 6.30　Mesh details of rotor at 50％ spanwise

整级涡轮计算域总网格数为 335 万,单个算例计算时间为 3.25 h,总样本数为 216,优化算法为 NCGA。计算过程中边界条件给定方式为:外流体域给定入口各方向速度沿叶高分布,总温沿叶高分布,出口给定静压沿叶高分布,工质物性见式(3.1)～式(3.3);内流体域入口给定冷气质量流量和总温,出口给定平均静压,工质为理想气体。静叶腔室 1 冷气流量占涡轮入口流量的 0.85％,静叶腔室 2 冷气流量占涡轮入口流量的 1.12％;动叶的冷气流量占涡轮入口流量的 1.68％,动叶叶顶间隙为叶片高度的 0.6％。叶片固体域材料比热容为 545 J/(kg·K),导热系数为 63.7 W/(m·K)。

6.3.2　叶型几何参数与冷却结构优化对气动与传热的影响

针对该级涡轮气动效率 η_t(式 2.2)以及静叶的 $\eta_{3,S}$(式 5.3)和动叶的 $\eta_{3,R}$(式 5.3)进行优化,其中静叶的温度系数 χ_S 取 0.9,动叶的温度系数 χ_R 取 0.9。

针对该级涡轮进行优化,静叶与动叶均采用两截面造型,分别为 10％与 90％叶高,对于 10％叶高造型截面处变量下标记做 1,对于 90％叶高造型截面处变量下标记做 2。对静叶每个造型截面选择变量为安装角 β_y、后弯角 δ,定义如图 6.2 所示,对静叶冷却结构选择第一隔板与叶片前缘的距离 L_1 作为优化变量,其定义如图 6.24 所示;对于动叶每个造型截面变量同样选择为安装角 β_y、后弯角 δ,针对动叶冷却结构选择图 6.28(a)中的 L_2 与 L_3 作为优化变量,通过控制 L_2 与 L_3 位置调整冷气在不同位置由腔室 2 进入腔室 3 的通流能力。

由以上内容可知对于该算例共有 8 个变量控制叶型,3 个变量微调静叶与动叶冷却结构,共 11 个变量,可写为

$$\boldsymbol{X} = \left[\ \delta_{S,1},\ \beta_{y_{S,1}},\ \delta_{S,2},\ \beta_{y_{S,2}},\ \delta_{R,1},\ \beta_{y_{R,1}},\ \delta_{R,2},\ \beta_{y_{R,2}},\ L_1,\ L_2,\ L_3\ \right] \tag{6.6}$$

本节所选取的优化变量初值以及优化变量的取值范围见表 6.10,由变量的选择以及优化变量的取值范围可以看到,优化工作主要是在初始设计的基础上微调,尤其是针对冷却结构的优化,保证了原冷却结构的形式。

表 6.10　优化变量取值范围

Table 6.10　Range of variables for stage optimization

	10%叶高造型截面	90%叶高造型截面
β_{yS}	$39.50 < 42.00 < 44.50$	$41.50 < 44.00 < 46.50$
β_{yR}	$61.50 < 64.00 < 66.50$	$45.50 < 48.00 < 50.50$
δ_S	$11.00 < 14.00 < 17.00$	$12.00 < 15.00 < 18.00$
δ_R	$12.50 < 15.88 < 18.00$	$12.50 < 16.00 < 18.00$
L_1	$0.37 < 0.40 < 0.43$	
L_2	$0.22 < 0.25 < 0.28$	
L_3	$0.72 < 0.75 < 0.78$	

　　通过优化得到的性能改善的方案如图 6.31 和图 6.32 所示,其中图 6.31 为 η_t 与 $\eta_{3,S}$ 形成的解集,图 6.32 为 η_t 与 $\eta_{3,R}$ 形成的解集。从图中可以看出,相对于原方案,优化后方案无论传热效果还是气动效率均有了不同程度提升,但是 η_t 与 $\eta_{3,S}$ 之间并没有呈现出明显的相互制约的关系;η_t 与 $\eta_{3,R}$ 之间存在较为明显的相互制约的关系。

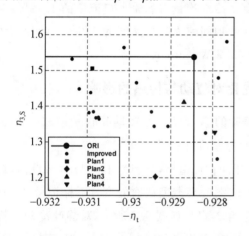

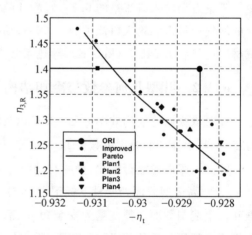

图 6.31　$-\eta_t$ 与 $\eta_{3,S}$ 形成的解集

Fig. 6.31　Solution set of $-\eta_t$ and $\eta_{3,S}$ (stage optimization)

图 6.32　$-\eta_t$ 与 $\eta_{3,R}$ 形成的解集

Fig. 6.32　Solution set of $-\eta_t$ and $\eta_{3,R}$ (stage optimization)

　　书中在图中标记了 4 个方案,其中方案 1 为气动性能较好的方案,但其传热效果几乎没有改善;方案 2 的气动效率略有提升,其静叶的传热效果改善较为明显,动叶改善幅度有限;方案 3 中动叶传热效果改善较为明显,气动效率与静叶传热效果改善并不明显;方案 4 中静叶及动叶的传热效果均有一定程度改善,但是其气动效率降低。

　　在选择方案时,首先选择气动效率提升明显的方案 1 进行分析,其次考虑到末级动叶的热负荷较低,在其余的优化方案中,选择了静叶传热效果改善明显的方案 2,因此书中选择方案 1 与方案 2 进行气动与传热的分析。各方案目标函数的具体数值见表 6.11。

表 6.11　不同优化方案计算结果

Table 6.11　Performance of different plans

	原方案	方案 1	方案 2	方案 3	方案 4
η_{t}	92.84	93.09	92.94	92.87	92.80
$\eta_{3,\mathrm{S}}$	153.80	150.48	120.25	141.19	132.75
$\eta_{3,\mathrm{R}}$	140.10	140.10	132.53	128.17	125.61

原方案和优化后各方案的优化变量取值见表 6.12。

表 6.12　涡轮整级优化变量取值

Table 6.12　Variables value comparison between original plan and optimized plans

	原方案	方案 1	方案 2	方案 3	方案 4
$\delta_{\mathrm{S},1}/(°)$	14.00	15.82	15.82	14.84	16.07
$\delta_{\mathrm{S},2}/(°)$	15.00	15.50	13.87	17.86	14.00
$\delta_{\mathrm{R},1}/(°)$	15.88	15.11	12.99	17.86	15.74
$\delta_{\mathrm{R},2}/(°)$	16.00	17.93	16.98	13.81	17.05
$\beta_{y\mathrm{S},1}/(°)$	42.00	42.52	40.95	43.27	43.28
$\beta_{y\mathrm{S},2}/(°)$	44.00	43.14	42.14	43.50	42.00
$\beta_{y\mathrm{R},1}/(°)$	64.00	65.46	66.49	65.45	64.90
$\beta_{y\mathrm{R},2}/(°)$	48.00	49.91	49.02	47.46	47.81
L_1	0.40	0.41	0.41	0.43	0.41
L_2	0.25	0.22	0.22	0.23	0.22
L_3	0.75	0.78	0.76	0.74	0.78

　　图 6.33 为优化前后各方案 10% 叶高处叶型对比,图 6.34 为优化前后各方案 90% 叶高处叶型对比。优化后方案 1 和方案 2 的静叶除了方案 1 根部安装角上升外,其余截面安装角均下降;动叶各截面安装角均有所上升。气动方案改善明显的方案 1 中静叶各截面的后弯角均有上升,动叶顶部安装角也有所上升。

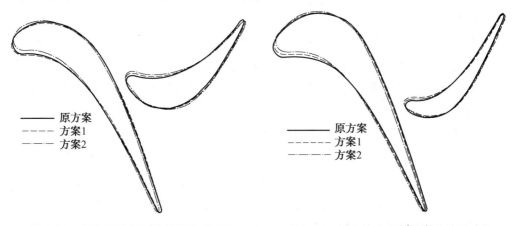

图 6.33　优化前后 10% 叶高处叶型对比　　　图 6.34　优化前后 90% 叶高处叶型对比

Fig. 6.33　Blade profiles comparison at 10% spanwise　Fig. 6.34　Blade profiles comparison at 90% spanwise

　　图 6.35 和图 6.36 为优化前后静叶与动叶冷却结构变化示意图,由图可知优化后的方案 1 和方案 2 中,静叶隔板顶部与前缘的距离略有增加。静叶冷却结构的变化对流阻系数不存在影响;如图 6.36 所示,优化后动叶的隔板长度增加,其中图 6.36 中为使隔板长度显示更加明确,绘图时将不同方案隔板的位置在轴向进行一定偏移,而实际隔板位置均位于 50% 轴向弦长处。其总体变化趋势是静叶顶部通流面积上升;动叶通过增加隔板长度,降低流体由腔室 2 至腔室 3 的通流面积,局部增加冷气的流动速度,同时由于通流面积的下降,造成动叶之中流阻阻力系数上升,其中传热效果较好的方案 2 中动叶内冷气的流阻系数上升 5%。

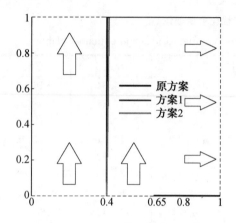

图 6.35　优化前后静叶隔板位置对比　　　　图 6.36　优化前后动叶隔板位置对比

Fig. 6.35　Stator separator location of original plan and optimized plans

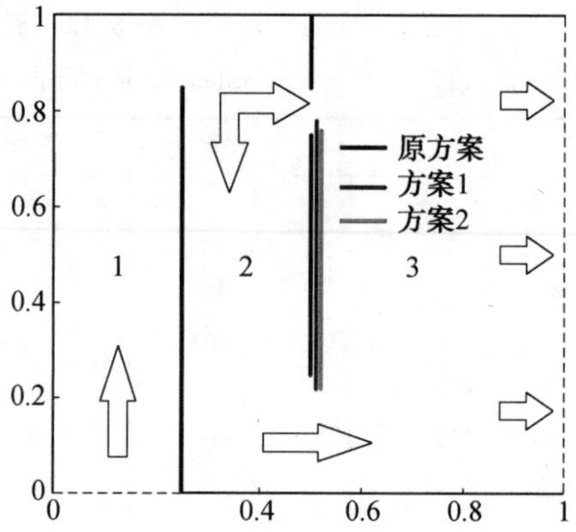

Fig. 6.36　Rotor separator location of original plan and optimized plans

　　图 6.37 与图 6.38 分别为不同方案静叶与动叶各截面压力分布,由图可知,优化后的方案 1 中载荷不同程度后移,而在效率提升有效的方案 2 中,部分截面的载荷存在前移现象,但是其最低压力点的变换不明显。此外优化后的方案 1 中,静叶内的马赫数略有降低,中径处最大马赫数由 1.26 降至 1.22,对应的动叶内中径处相对马赫数由 1.18 提升至 1.20,级反动度提升。

　　优化前后叶片压力侧温度均较低,且优化前后温度变化较小,而吸力侧叶片温度场有明显变化,图 6.39 为原方案与方案 2 静叶无量纲温度场对比,由图 6.39(a) 与图 6.39(b) 对比可知方案 2 在前缘吸力侧顶部区域为整个叶片温度最高区域,优化后该处的温度大幅降低,在高温区域面积下降同时,与原方案相比优化后的方案 2 静叶温度场最高温度下降 13 K,通过优化有效改善了静叶传热状况。

　　由图 6.32 中方案 2 的位置以及表 6.11 中 $\eta_{3,R}$ 数值可知,方案 2 动叶传热效果改善非常有限,从表 6.12 中优化后不同方案 L_2 和 L_3 的取值可以看到,动叶冷却结构的变化趋势是一致的,分割腔室 2 和腔室 3 的隔板下半部分长度增加,对冷气产生了节流效应,导致动叶内冷气流阻略有上升,其中方案 1 动叶冷气流阻增加 8%,方案 2 动叶冷气流阻增加 5%,但各方案动叶传热情况均未得到显著改善。

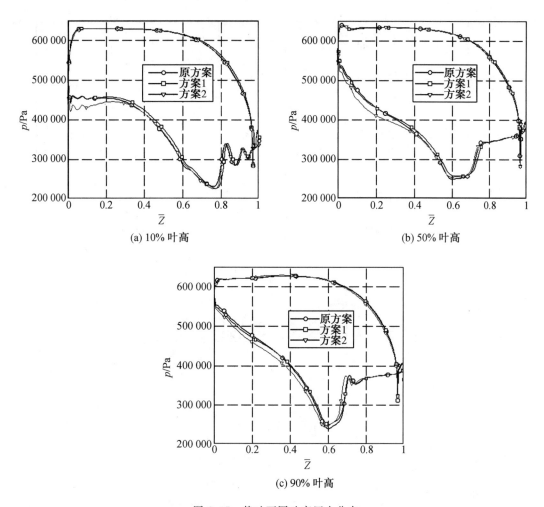

图 6.37　静叶不同叶高压力分布

Fig. 6.37　Pressure distribution of stator at different section

　　本节采用气热耦合优化平台对涡轮级进行优化,通过优化所得到的方案中,气动效率改善的同时,静叶部分方案传热效果改善较为明显,而动叶的传热效果改善并不明显。优化后解集中不同方案间静叶传热效果与整级气动效率并未呈现出相互制约趋势,而动叶传热效果与整级气动效率却出现了相互制约的现象。

　　优化后气动效率提升明显的方案,其反动度略有增加,并且其压力分布体现出的载荷略有后移的现象。

　　优化后静叶冷却结构的变化趋势为分隔腔室 1 与腔室 2 的隔板顶部位置向尾缘偏移,腔室 1 顶部区域的通流面积相对增加,其传热效果的改善主要体现在吸力侧前缘顶部区域高温区域面积的下降以及最大温度的降低;优化后动叶冷却结构的变化趋势为通过隔板长度的增加减小了冷气由腔室 2 进入腔室 3 的通流面积,冷气流阻上升,但是传热效果改善并不明显。

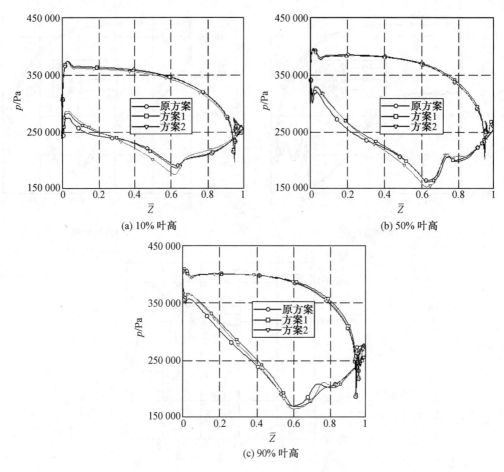

图 6.38　动叶不同叶高压力分布

Fig. 6.38　Pressure distribution of rotor at different section

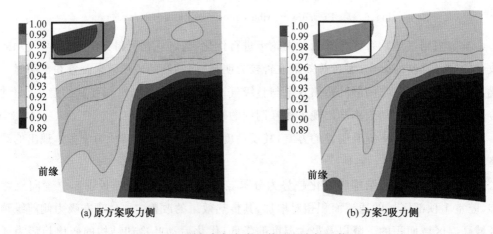

图 6.39　原方案与方案 2 静叶温度场比较

Fig. 6.39　Stator blade temperature comparison between original plan and plan 2

　　冷却结构的优化对整级涡轮冷却效果产生一定影响,但从表 6.12 数据以及图 6.35 和图 6.36 冷却结构示意图对比可知,文中冷却结构的调整是微小的,传热效果的改善在很大程度上得益于叶片型线变化导致的内外流场流动情况变化,因此气热耦合条件下对叶片进行冷却结构与叶型综合设计与优化是非常必要的。

参考文献

[1] ADAMCZYK J J, CELESTINA M L, BEACH T A, et al. Simulation of viscous flow within a multistage turbine[J]. Trans. ASME J. Turbomachinery, 1990, 112: 62-76.

[2] ADLER D, KRIMERMAN Y. The numerical calculation of the meridional flow field in turbomachines using the finite element method[J]. Israel J. of Technology, 1974, 12: 268-274.

[3] AINLEY D G. The performance of axial flow turbines[J]. Proe. Institution of Mechanical Engineers, 1948, 159: 230-237.

[4] AMI H. High resolution schemes for hyperbolic conservation laws[J]. J. of Computational Physics, 1983, 49(3): 357-393.

[5] AZZI A, JUBRAN B A. Numerical modeling of film cooling from short length stream-wise injection holes[J]. Heat Mass Trans, 2003, 39: 344-353.

[6] BERNSDORF S, ROSE M, ABHARI R. Modeling of film cooling - part I: experimental study of flow structure[J]. ASME J. Turbomachinery, 2006, 128: 141-149.

[7] BURGUBURU S, PAPE A L. Improved aerodynamic design of turbomachinery bladings by numerical optimization[J]. Aerospace Science Technology, 2003, 7: 277-287.

[8] CHEN B. YUAN X. Advanced aerodynamic optimization system for turbomachinery[J]. J. of Turbomachinery, 2008, 4(130): 1-12.

[9] DAWES W N. Towards improved through flow capability: the use of 3D viscous flow solvers in a multistage environment[J]. Trans. ASME J. of Turbomachinery, 1992, 114: 8-17.

[10] DAWSON C N, DU Q, DUPONT T F. A finite difference domain decompositional gorithm for numerical solution of the heat equation[J]. J. of Math Comp., 1991, 57: 63-71.

[11] DAY C R B, OLDFIELD M L G, LOCK G D. The influence of film cooling on the efficiency of an annular nozzle guide vane cascade[J]. ASME J. of Turbomachinery, 1999, 121: 145-151.

[12] DEICH M E, FILOPPOR G A, LAZARER L Y. A loss of turbine blade cascades [J]. G. E. G. B. Trans., 1965: 4563-4564.

[13] DENTON J D. The calculation of three-dimensional viscous flow through multi-

stagetrubomachinery[J]. Trans. ASME J. of Turbomachinery, 1992, 114: 18-26.

[14] DOENHOFF V. Theory of wing sections[M]. New York: Dover Publications, 1959.

[15] DUNHAM J, CAME P M. Improvements to the Ainley & Matheson method of turbine performance prediction[J]. ASME J. of Eng. for Power, 1970, 92(3): 252-256.

[16] ERIKSEN V L, GOLDSTEIN R J. Heat transfer and film cooling following injection through inclined circular tubes[J]. J. of Heat Transfer, 1974, 96: 239-245.

[17] FILIPPOV G A, WANG ZHONGQI. The calculation of axialsymmetric flow in a turbine stage with small ratio of diameter to blade length[J]. J. of Moscow Power Institute, 1963, (47): 63-78.

[18] FRIEDRICHS S, HODSON H P, DAWES W N. Aerodynamics aspects of end wall film cooling[J]. ASME J. of Turbomachinery, 1997, 119: 785-793.

[19] GOLDSTEIN R J, ECKERT E R G, BURGGRAF F. Effects of hole geometry and density on three dimensional film cooling[J]. International J. of Heat Mass Transfer, 1974, 7: 595-606.

[20] GOLDSTEIN R J, ECKERT E R G, ERIKSEN V L, et al. Film cooling following injectionthrough inclined circular tubes[J]. Israel J. of Technology, 1970, 8: 145-154.

[21] GOLDSTEIN R J, SPORES R A. Turbulent transport on the end wall in the region between adjacent turbine blades[J]. ASME J. of Heat Transfer, 1988, 110: 862-869.

[22] GOLDSTEIN R J. Film cooling[J]. Advances in heat transfer, 1971, 7: 321-380.

[23] GRITSCH M, SCHULZ C, WITTIG S. Discharge coefficient measurements of film-cooling holes with expanded exits[J]. J. of Turbomachinery, 1998, 120: 557-563.

[24] HAN WANJIN, WANG ZHONGQI. Experimental studies on the mechanism and control of secondary flow losses in turbine cascades[J]. J. of Thermal Science, 1992, 4(1): 218-231.

[25] HIRSCH C, WARZEE G. A finite element method for through flow calculation in turbomachines[J]. ASME J. of Power and Energy, 1976, 98: 403-408.

[26] HODA A, ACHARYA S. Prediction of a film cool ant jet in cross flow with different turbulence models[J]. ASME J. of Turbomachinery, 2000, 122(3): 558-738.

[27] HOLLAND J H. Adaptation in natural and aritificial systems[M]. Ann Abor: The University of Michigan Press, 1975.

[28] HOPFIELD J J, TANK D W. Neural computation of decision in optimization

problem[J]. Biol Cybern, 1982, 52: 141-152.

[29] HORLOCK J H. Axial flow turbines[M]. London: Butterworths Press, 1966.

[30] IMAN R L, HELTON J C, CAMPBELL J E. An approach to sensitivity analysis of computer models, Part 1: Introduction, input variable selection and preliminary variable assessment[J]. J. of Quality Technology, 13 (3): 174-183.

[31] ITO S, GOLDSTEIN R J, ECKERT E R G. Film cooling of a gas turbine blade [J]. J. of Engineering for Power, 1978, 100: 475-481.

[32] JONG K D. Learning with genetic algorithms: an overview[J]. Machiner Learning, 1988, 3: 121-138.

[33] KACKER S C, OKAPUU U. A mean line prediction method for axial flow turbine efficiency[J]. J. of Engineering for Power, 1982, 104(1): 111-119.

[34] KANANI H, SHAMS M, EBRAHIMI R. Numerical modeling of film cooling with and without mist injection[J]. Heat Mass Transfer, 2009, 45: 727-741.

[35] KIRKPATRICK S, GELATT C D, VECCHI M P. Optimization by simulated annealing[J]. Science, 1983, 220: 671-680.

[36] KUSTERER K, BOHN D, SUGIMOTO T, et al. Double-jet ejection of cooling air for improved film cooling[J]. ASME J. Turbomachinery, 2007, 29: 809-815.

[37] LAKSHIMINARAYANA S. An assessment of computational fluid dynamic techniques in the analysis and design of turbomachinery[J]. ASME J. of Fluid Engineering, 1991, 113(2): 315-352.

[38] LAKSHMINARAYANA B, HORLOCK J H. Review: secondary flows and losses in cascades and axial-flow turbomachines[J]. International J. of Mechanical Sciences, 1963, 5: 397-409.

[39] LAKSHMINARAYANA B. Methods of predicting the tip clearance effects in axial flow turbomachinery[J]. ASME J. of Basic Engineering, 1970, 92: 467-482.

[40] LANGSTON L S. Cross flow in a turbine cascade passage[J]. ASME J. of Engineering for Power, 1980, 102: 866-874.

[41] LAX P D, WENDROFF B. Difference schemes for hyperbolic equations with high order of accuracy[J]. Comm. Pure and Applied Mathematics, 1964, 17: 381-398.

[42] LUBRECHT A A, BOSMA R. An alternative method for calculating film thickness and pressure profiles in elastohydrodynamic lubricated line contacts [J]. ASME J. of Tribology, 1986, 108: 551-556.

[43] LUTUM E, JOHNSON B. Influence of the hole length-to-diameter ratio on film cooling with cylindrical holes[J]. ASME J. Turbomachinery, 1999, 121: 209-216.

[44] MAYLE R E, KOPPER F C. Adiabatic wall effectiveness of a turbulent boundary layer with slot injection[J]. J. of Heat Transfer, 1976, 101: 240-250.

[45] MCCULLOCH W W, PITTS W. A logic calculus of the ideas imminent in neu-

rons activity[J]. Bulletin of Mathematical Biophysics, 1943, 5: 495-500.

[46] MCKAY M D, BECKMAN R J, CONOVER W J. A comparison of three methods for selecting values of input variables in the analysis of output from a computer code[J]. Technometrics (American Statistical Association), 1979, 21 (2): 239-245.

[47] METROPOLIS N, ROSENBLUTH A W, ROSENBLUTH M, et al. Equation of state calculations by fast computing machines[J]. J. Chem. Phys. , 1953, 21, 1087-1092.

[48] NEUMANN V J, RICHTMYER R D. A method for the numerical calculation of hydrodynamic shocks[J]. J. of Applied Physics, 1950, 21: 232-257.

[49] NOVAK R A. Streamline curvature computing procedures for fluid problems[J]. ASME J. of Engineering for Power, 1967, 89(4): 478-490.

[50] PEDERSEN D R, ECKERT E R G, GOLDSTEIN R J. Film cooling with large density differences between the mainstream and the secondary fluid measured by the heat-mass transfer analogy[J]. J. of Heat Transfer, 1977, 99: 620-627.

[51] PIERRET S, BRAEMBUSSCHE R A V. Turbomachinery blade design using a navier-stokes solver and artificial neural network[J]. J. of Turbomachinery, 1999, 121: 325-332.

[52] SAUMWEBER C, SCHULZ A. Interaction of film cooling rows: effects of hole geometry and row spacing on the cooling performance downstream of the second row of holes[J]. J. of Turbomachinery, 2004, 126: 237-246.

[53] SCHWEFEL H P. Numerical optimization of computer models[M]. Chichester: Wiley, 1981.

[54] SHARMA O P, BUTLER T L. Prediction of end wall losses and secondary flows in axial flow turbine cascade[J]. ASME J. of Turbomachinery, 1987, 109: 229-236.

[55] SHARMA T L. Predictions of end wall losses and secondary flows in axial flow turbine cascade[J]. ASME J. of Turbomachinery, 1987, 109: 229-236

[56] SHI JING. An invesgation of a highly loaded transonic turbine stage with compond leaned vans[J]. Trans of ASME J. of Engineering for Gas Turbines and Power, 1986, 108: 265-269.

[57] SIEVERDING C H. The Influence of trailing edge ejection on the base pressurein transonic turbine cascades[J]. J. of Engineering for Power, 1983, 105: 215-222.

[58] SMITH L H. The radial equilibrium equation of turbomachinery[J]. ASME J. of Engineering for Power, 1996, 88(1): 1-12.

[59] SPIEGEL G. Complex Variables[M]. New York : McGraw-Hill, 1964.

[60] SPORERA D, REFKEA A, DRATWINSKIA M, et al. New high-temperature seal system for increased efficiency of gas turbines[J]. Sealing technology, 2008,

10：9-11.

[61] TUNNER J. Three-dimensional N-S computations of transonic fan using an explicit flow solver and an implicit - solve[J]. ASME J. of Turbomachinery, 1993，115(2)：102-121.

[62] TURNER J R. An investigation of the end wall boundary layer of a turbine nozzle cascade[J]. Transactions of ASME, 1957，79：1801-1806.

[63] WOLF H. Die randverluste in geraden schaufelgittern[J]. Wiss. I. Tech. Hochsch. Dresden，1961，10(2)：353-364.

[64] YAMAMOTO A, KONDO Y, MURAO R. Cooling-air injection into secondary flowand loss fields within a linear turbine cascade[J]. ASME J. of Turbomachinery，1991，113：375-383.

[65] YUEN C, MARTINEZ-BOTAS R. Film cooling characteristics of rows of round holes at various stream wise angles in a cross flow：Part Ⅱ. heat transfer coefficients[J]. International J. of Heat and Mass Transfer, 2005，48：4995-5016.

[66] ZHAO HONGLEI, YAN PEIGANG, HAN WANJIN. Multi-objective aerodynamic optimization design process of multistage axial turbine[J]. J. of Propulsion Technology, 2007，28(2)：175-180.

[67] ZHOU F Z, FENG G T, JIANG H D. The development of highly loaded turbine rotating blades by using 3D optimization design method of turbomachinery blades based on artificial neural network & genetic algorithm[J]. Chinese J. of Aeronautics，2003，16(4)：198-202.

[68] 安柏涛，刘建军，蒋洪德. 空冷透平静叶气膜冷却数值研究[J]. 工程热物理学报，2005，26(3)：405-408.

[69] 曾军，乔渭阳，孙大伟，等. 带尾缘劈缝冷气喷射的涡轮叶栅性能实验与计算[J]. 推进技术，2008，29(6)：710-715.

[70] 曾文演，乔渭阳，李文澜. 冷气掺混对涡轮叶栅气动损失影响的试验研究[J]. 机械设计与制造，2006，10：91-92.

[71] 陈波，高学林，袁新. 采用 NURBS 的某级透平叶片全三维气动最优化设计[J]. 动力工程.，2006，26(2)：201-206.

[72] 陈乃兴. 任意非正交曲线坐标系在叶轮机械气动计算中的应用[J]. 工程热物理学报，1980，1(2)：110-119.

[73] 董平. 航空发动机气冷涡轮叶片的气热耦合数值模拟研究[D]. 哈尔滨：哈尔滨工业大学，2009.

[74] 杜德文，马淑珍，陈永良. 地质统计学方法综述[J]. 世界地质，1995，14(4)：79-84.

[75] 樊会元，王尚锦，席光. 透平机械叶片的遗传优化设计[J]. 航空学报，1999，1，20(1)：47-51.

[76] 丰镇平，李军，任斌，等. 气动优化设计中的进化计算[J]. 热力透平，2003，3，1：

5-16；

[77] 冯国泰，顾中华，王松涛. 具有弯扭叶片流场结构分析能力的燃气涡轮三维设计体系[J]. 航空发动机，2002，3(3)：4-7.

[78] 冯国泰，顾中华，温风波，等. 燃气涡轮机气冷涡轮气动设计体系设计思想及其应用[J]. 工程热物理学报，2009，30(11)：1841-1848.

[79] 冯国泰，苏杰先，王仲奇，等. 获得综合优化流型的叶片成型方法和设计方法[J]. 工程热物理学报，1991，12(2)：155-159.

[80] 冯国泰，王松涛，顾中华，等. 弯扭掠三维叶片综合流型与流场结构优化的设计思想及应用——弯扭掠叶片设计体系与设计思想研究之二[J]. 航空发动机.，2002，2：5-11.

[81] 冯国泰，王松涛，顾中华，等. 弯扭掠三维叶片综合流型与流场结构优化的设计思想及应用[J]. 航空发动机，2005，4(4)：5-11.

[82] 高丽敏，刘波，姜正礼，等. 不同尾缘喷射对涡轮叶栅气动性能的影响[J]. 推进技术，2000，21(2)：33-36.

[83] 高学林，袁新. 叶轮机械全三维粘性气动优化设计系统[J]. 中国电机工程学报，2006，26(4)：88-92.

[84] 顾发华，刘凤君，王仲奇，等. 两级涡轮三维无粘定常流场的数值模拟[J].航空动力学报，1995，10(1)：29-32.

[85] 韩万金，徐文远，王仲奇. 叶片倾斜对叶栅出口流场的影响[J]. 动力工程，1991，11 (4)：43-48.

[86] 韩万金，徐文远，王仲奇. 低转折角叶片弯曲作用的实验研究[J]. 动力工程，1992，12(5)：38-45.

[87] 贺志宏，谈和平，刘林华，等. 发动机叶片流道内辐射换热的数值计算[J]. 推进技术，2001，22(1)：65-68.

[88] 黄洪雁，冯国泰，王仲奇，等. 适用于舰用汽轮机的准三维设计体系[J]. 热能动力工程，1999，14(80)：119-121.

[89] 黄洪雁，袁宁，王仲奇，等. 不同积叠线形式对涡轮性能的影响[J]. 工程热物理学报，2000，21(3)：305-309.

[90] 黄影虹，王仲奇，冯国泰，等. 燃气透平弯扭静叶的设计方法[J]. 工程热物理学报，1992，13(3)：265-268.

[91] 季路成，陈江，黄海波，等. 关于叶轮机时均(准四维)和非定常(四维)气动设计体系的初步诠释[J]. 工程热物理学报，2003，24(4)：570-574.

[92] 季路成，陈江. 叶轮机设计的缘线匹配理论及方法[J]. 工程热物理学报，2005，26(1)：39-42.

[93] 贾建波，钟兢军，王仲奇. 弯曲叶片压气机叶栅内二次流的数值研究[J]. 工程热物理学报，1999，20(6)：685-689.

[94] 蒋浩兴. 国外发展风扇/压气机设计体系的一些经验和启示[J]. 航空发动机，2001，2：45-31.

[95] 蒋洪德，朱斌，徐星仲，等. 第三代汽轮机气动热力设计体系的建立及其工程验证[J]. 中国电力，1999，32(11)，25-29.

[96] 靳杰，温风波，韩万金，等. 不同损失模型对气冷涡轮 S2 流面优化结果影响的分析[J]. 热能动力工程，2009，24(1)：12-18.

[97] 赖宇阳，袁新. 基于遗传算法和逐次序列二次规划的叶栅基迭优化[J]. 工程热物理学报，2003，24(1)：52-54.

[98] 雷云涛，林智荣，袁新. 不同吹风比下平板气膜冷却数值模拟[J]. 清华大学学报，2008，48(8)：1231-1234.

[99] 李斌. 先进涡轮气动设计规律的研究[D]. 哈尔滨：哈尔滨工程大学，2010.

[100] 李军，邓清华，丰镇平. 基于进化算法的压气机叶型多目标优化设计[J]. 中国电机工程学报，2004，24(10)：205-209.

[101] 李军，李国君，丰镇平. 应用复合进化算法的叶栅气动优化设计方法的研究[J]. 机械科学与技术.，2005，24(4)：412-414.

[102] 李军，任斌，丰镇平. 基于复合进化算法和 Navier-Stokes 方程求解技术的透平叶栅气动优化设计[J]. 热能动力工程，2004，19(2)：167-170.

[103] 李铁，李伟力，袁竹林. 用不同辐射模型研究下降管内传热传质特性[J]. 中国电机工程学报，2007，27(2)：92-98.

[104] 李喜宏，吴国华，彭泽涛. 压气机叶栅端壁流控制的实验研究[J]. 航空动力学报，1993，8(2)：143-147.

[105] 梁晨，牛夕莹，林枫，等. 某型涡轮动叶气动性能的实验研究[J]. 热能动力工程，2012，27(4)：405-510.

[106] 林智荣，石板浩一，袁新. 燃气透平末级及扩压器的联合优化[J]. 工程热物理学报，2005，26(1)：47-50.

[107] 刘高联. 叶轮机械 S2 流面气动反问题及杂交命题的变分原理与广义变分原理[J]. 上海机械学院学报，1981(1)：48-52.

[108] 卢金铃，席光，祁大同. 三元叶轮子午流道和叶片的优化方法[J]. 西安交通大学学报，2005，9，39(9)：1021-1025.

[109] 罗常，宋立明，李军，等. 三维跨音速叶栅自动气动优化设计[J]. 工程热物理学报，2008，29(12)：2019-2021.

[110] 梅运焕，刘波，管继伟. 大功率汽轮机长叶片气动设计探索[J]. 汽轮机技术，2006，48(4)：241-246.

[111] 乔渭阳，曾军，曾文演，等. 气膜孔喷气对涡轮气动性能影响的实验研究[J]. 推进技术，2007，28(1)：14-19.

[112] 尚仁操，乔渭阳. 基于参数法和贝塞尔曲线的涡轮叶片造型及其优化[J]. 机械设计与制造，2007，8：16-18.

[113] 沈邱农，崔琦，张兆鹤. 可控涡设计环形叶栅的试验研究[J]. 动力工程，1999，19(5)：333-337.

[114] 宋立明，丰镇平，李军. 基于 Internet 网络的主从式并行遗传算法及其在叶栅优化

中的应用[J]. 机械科学与技术, 2004, 23(5): 575-579.

[115] 宋立明, 李军, 丰镇平, 等. 基于多目标优化的透平叶栅变工况设计方法[J]. 航空动力学报, 2007, 22(9): 1499-1504.

[116] 宋立明, 李军, 丰镇平, 等. 三维跨音速压气机叶栅多目标气动优化设计[J]. 工程热物理学报, 2007, 28(2): 223-225.

[117] 宋立明, 李军, 丰镇平. 跨音速透平扭叶片的气动优化设计研究[J]. 西安交通大学学报, 2005, 39(11): 1277-1281.

[118] 宋立明, 罗常, 李军, 等. 基于全局气动优化方法的跨声速叶栅气动优化[J]. 航空动力学报, 2008, 23(6): 1019-1023.

[119] 宋立明, 罗常, 李军, 等. 透平叶栅自动气动优化设计方法[J]. 机械工程学报, 2009, 45(9): 109-113.

[120] 宋彦萍. 弯扭叶片的主要研究成果及其应用[J]. 热能动力工程, 1999, 14(81): 159-163.

[121] 谭春青, 王仲奇, 韩万金. 在大转角透平叶栅中叶片正弯曲的实验研究[J]. 航空动力学报, 1994, 9(4): 413-415.

[122] 童彤, 丰镇平, 孟庆集. 模拟退火算法在透平叶栅多目标优化设计中的应用[J]. 西安交通大学学报, 1999, 3, 33(3): 64-71.

[123] 童彤, 丰镇平. 基于遗传算法的透平级多目标优化设计[J]. 工程热物理学报, 2000, 21(5): 575-578.

[124] 童彤, 丰镇平. 跨音速透平叶栅多目标优化设计[J]. 航空动力学报, 1999, 1, 14(1): 7-10.

[125] 王婧超, 李立州, 岳珠峰. 涡轮叶片的多学科设计优化系统[J]. 航空动力学报, 2007, 22(1): 23-29.

[126] 王强, 董平, 姜澎, 等. 提高气冷涡轮气热耦合计算精度的措施[J]. 工程热物理学报, 2007, 29(4): 573-578.

[127] 王松涛, 王仲奇, 冯国泰, 等. 动静叶相互干涉的三维非定常流场数值模拟[J]. 上海理工大学学报, 2001, 23(3): 213-216.

[128] 王松涛, 颜培刚, 孙玺森, 等. 涡轮叶栅冷气掺混数值模拟方法[J]. 航空动力学报, 2003, 18(4): 558-562.

[129] 王松涛. 叶轮机三维粘性流场数值方法与弯叶栅内涡系结构的研究[D]. 哈尔滨: 哈尔滨工业大学, 1999.

[130] 王仲奇, 秦仁. 透平机械原理[M]. 北京: 机械工业出版社, 1979.

[131] 王仲奇, 郑严. 叶轮机械弯扭叶片的研究现状及发展趋势[J]. 中国工程科学, 2000, 2(6): 40-47.

[132] 王仲奇, 朱旭津. 关于计算透平机械内部准三元流动的S2流面的讨论[J]. 工程热物理学报, 1986, 7(3): 235-237.

[133] 王仲奇. 透平机械三元流动计算及其数学和气动力学基础[M]. 北京: 机械工业出版社, 1983.

[134] 吴立强，尹泽勇，蔡显新. 航空发动机涡轮叶片的多学科设计优化[J]. 航空动力学报，2005，20(10)：795-800.

[135] 吴文权，刘翠娥. 使用非正交曲线坐标与速度分量 S1 流面正问题流畅矩阵解[J]. 工程热物理学报，1980，1(1)：17-27.

[136] 向安定，刘松龄，朱惠人. 吹风比对涡轮动叶型面气膜孔流量系数的影响[J]. 西北工业大学学报，2004，22(1)：104-107.

[137] 颜培刚，王松涛，冯国泰. 气冷涡轮级叶栅非定常流场数值模拟[J]. 工程热物理学报，2005，26(3)：425-428.

[138] 杨弘，王仲奇，冯国泰. 考虑冷气掺混的涡轮 S2 流面计算方法[J]. 热能动力工程，1992，7(3)：121-125.

[139] 杨琳，邹正平，李维，等. 尾迹作用下不同负荷分布叶型边界层发展研究[J]. 工程热物理学报，2006，27(5)：751-753.

[140] 杨晓军，陶智，丁水汀，等. 旋转对气膜冷却覆盖区域的影响[J]. 北京航空航天大学学报，2007，33(12)：1383-1386.

[141] 袁宁，王松涛，张振家，等. 涡轮级三维粘性流场的数值模拟[J]. 航空动力学报，1999，15(2)：135-138.

[142] 袁宁，张振家，王松涛，等. 适用于航空涡轮全三维设计的气动设计体系[J]. 推进技术，2000，21(2)：1-4.

[143] 张华良，王松涛，王仲奇. 叶片弯曲对大折转压气机叶栅内分级结构的影响[J]. 推进技术，2007，28(1)：35-39.

[144] 张华良. 采用叶片弯/掠及附面层抽吸控制扩压叶栅内涡结构的研究[D]. 哈尔滨：哈尔滨工业大学，2007.

[145] ，张正秋，邹正平，刘宝杰. 高负荷风扇叶片重心线调节对叶片强度和气动性能的影响分析[J]. 航空学报，2006，27(3)：380-385.

[146] 赵洪雷，颜培刚，韩万金，等. 某型航空发动机涡轮的多级气动优化设计[J]. 航空发动机，2007，33(3)：7-14.

[147] 赵洪雷，王松涛，李东平，等. 某型气冷涡轮级的三维优化设计[J]. 热能动力工程.，2006，21(5)：450-455.

[148] 钟兢军，苏杰先，王仲奇. 压气机叶栅中应用弯曲叶片的研究[J]. 航空动力学报，1998，13(1)：7-12.

[149] 周凡贞. 汽轮机高载荷叶片的数值模拟[D]. 哈尔滨：哈尔滨工业大学，2003.

[150] 朱惠人，刘松龄，程信华. 带气膜冷却的涡轮叶栅气动损失的计算[J]. 燃气涡轮试验与研究，1999，12(1)：34-39.

[151] 朱惠人，许都纯. 叶片前缘气膜冷却换热的实验研究[J]. 推进技术，1999，20(2)：64-68.

[152] 朱荣国. 使用非正交曲线坐标与速度分量 S2 流面反问题流场线松弛解[J]. 工程热物理学报，1980，1(1)：28-35.